PRIX : 60 centime[s]

[É]MILLE FLAMMARION

(Conservateur Consultant)

CURIOSITÉS DE LA SCIENCE

PARIS
ERNEST FLAMMARION, ÉDITEUR
26, rue Racine, 26.

CURIOSITÉS DE LA SCIENCE

ŒUVRES DE CAMILLE FLAMMARION

OUVRAGES PHILOSOPHIQUES

La Pluralité des Mondes habités. 1 vol. in-12. 37e édition. . . . . . 3 fr. 50
Les Mondes imaginaires et les Mondes réels. 1 vol. in-12. 23e édition. 3 fr. 50
La Fin du Monde. 1 vol. in-12. 16e mille . . . . 3 fr. 50
Récits de l'Infini. Lumen. 1 vol. in-12. 14e édition. . . . . 3 fr. 50
Lumen. Edition de luxe, illustrée par Lucien Rudaux. 1 beau vol. in-8o. 5 fr. »
Lumen. Edition populaire. 1 vol. in-18. 52e mille . . . . 0 fr. 60
Dieu dans la nature. 1 vol. in-12. 28e édition. . . . . 3 fr. 50
Les derniers jours d'un philosophe, de sir H. Davy. 1 vol. in-12. . . 3 fr. 50
Uranie, roman sidéral. 1 vol. in-12. 30e mille . . . . 3 fr. 50
Stella, roman sidéral. 1 vol. in-12. 10e mille. . . . . 3 fr. 50
L'Inconnu et les problèmes psychiques. 15e mille. 1 vol. in-12. . . . 3 fr. 50

ASTRONOMIE PRATIQUE

La planète Mars et ses conditions d'habitabilité. Étude synthétique accompagnée de 580 dessins télescopiques et 23 cartes aérographiques. . . . . . 12 fr. »
La planète Vénus. Discussion générale des observations (94 dessins). 1 brochure in-8o. . . . . 1 fr. »
Les Étoiles doubles. Catalogue des étoiles multiples en mouvement, avec les positions et la discussion des orbites. 1 vol. in-8o. . . . . 8 fr. »
Les Éclipses du vingtième siècle visibles à Paris, avec 33 figures et 2 cartes. 1 brochure in-8o . . . . 1 fr. »
Études sur l'Astronomie. Recherches sur diverses questions. 9 vol. in-18. Le volume . . . . 2 fr 50
Grand Atlas céleste, contenant plus de cent mille étoiles. In-folio . . 45 fr. »
Grande Carte céleste, contenant toutes les étoiles visibles à l'œil nu. . 6 fr. »
Planisphère mobile, donnant la position des étoiles pour chaque jour. 8 fr. »
Carte générale de la Lune . . . . 6 fr. »
Globes de la Lune et de la planète Mars . . . . 6 fr. »

ENSEIGNEMENT DE L'ASTRONOMIE

Astronomie populaire. Exposition des grandes découvertes de l'astronomie 1 vol. grand in-8o, illustré. 100e mille. . . . . 12 fr. »
Les Étoiles et les Curiosités du Ciel. Supplément de l'*Astronomie populaire*. 1 vol. grand in-8o, illustré. 55e mille. . . . . 12 fr. »
Les Merveilles célestes. 1 vol. in-8o illustré. 50e mille . . . . 2 fr. 60
Les Terres du Ciel. Description des planètes de notre système. 1 vol. grand in-8o, illustré. 50e mille. 12 fr. »
Petite Astronomie descriptive. 1 vol. in-12, illustré . . . . 1 fr. »
Qu'est-ce que le Ciel? Précis d'astronomie. 1 vol. in-18, illustré. . . 0 fr. 60
Copernic et le Système du monde. 1 vol. in-18. . . . . 0 fr. 60
Petit Atlas astronomique de poche. 1 vol. in-24. . . . . 1 fr. 50
Annuaires astronomiques pour chaque année. . . . . 1 fr. 25

SCIENCES GÉNÉRALES

Le Monde avant la création de l'Homme 1 vol. gr. in-8o, ill. 56e mille. 12 fr. »
L'Atmosphère. Météorologie populaire. 1 vol. grand in-8o, ill. 28e mille. 12 fr. »
Mes Voyages aériens. 1 vol. in-12. . . . . 3 fr. 50
Contemplations scientifiques. 2 vol. in-12 . . . . 3 fr. 50
L'Éruption du Krakatoa et les Tremblements de terre. 1 vol. in-18. 0 fr. 60

VARIÉTÉS LITTÉRAIRES

Dans le Ciel et sur la Terre Tableaux et Harmonies. 1 vol. in-12. . . 4 fr. »
Rêves étoilés. 1 vol. in-18. 33e mille. . . . . 0 fr. 60
Clairs de Lune. 1 vol. in-18 . . . . 0 fr. 60
Excursions dans le Ciel. 1 vol. in-18. . . . . 0 fr. 60

CAMILLE FLAMMARION

CURIOSITÉS
DE
LA SCIENCE

PARIS
ERNEST FLAMMARION, ÉDITEUR
RUE RACINE, 26, PRÈS L'ODÉON

CURIOSITÉS DE LA SCIENCE

EN QUELLE ANNÉE A COMMENCÉ LE VINGTIÈME SIÈCLE?

I

QUAND COMMENCENT LES SIÈCLES

Tous les cent ans, vers la fin de chaque siècle, la même question de la date du changement de siècle revient en discussion. J'ai sous les yeux des documents de 1799, 1699, 1599, qui posent, tournent et retournent le problème, et dans cent ans, en l'an de grâce 1999 (qui sera par parenthèse favorisé d'une très belle éclipse de soleil, totale pour les environs de Paris, au nord, le 11 août, à 10 heures 28 minutes du matin), nos arrière-neveux reposeront la même question dans les journaux « fin de siècle » de l'époque. Et il y aura encore des esprits distingués qui renouvelleront une confusion séculaire. Le progrès est lent dans la race humaine !

Il y a cent ans, les discussions ont été très vives et se sont reflétées jusque sur le théâtre. On jouait notamment en 1800, sur un petit théâtre du boulevard du Temple, une pièce intitulée : *En quel siècle vivons-nous, bon Dieu !* qui n'a pas été sans succès, et dont le titre au moins serait toujours d'actualité. En quel temps vivons-nous ? Ce n'est pas, assurément, au temps de l'âge de raison.

Les discussions du siècle dernier n'ont d'ailleurs pas convaincu tout le monde. Ainsi, par exemple, Victor Hugo est né le 26 février 1802. A cette date, le siècle avait treize mois, vingt-cinq jours et quelques heures. Je ne crois pas qu'on dise jamais d'un enfant de cet âge qu'il a deux ans. Cependant, l'immortel poète parlant de sa naissance à Besançon a écrit, comme tout le monde le sait :

Ce siècle avait deux ans, Rome remplaçait Sparte,
Déjà Napoléon perçait sous Bonaparte,
Et du premier consul déjà par maint endroit
Le front de l'Empereur brisait le masque étroit.

Malgré ce qu'on appelle la licence poétique, Victor Hugo n'aurait pas écrit cette phrase s'il n'avait pensé que le dix-neuvième siècle eût commencé en 1800. Les poètes comptent peut-être autrement que les astronomes. M. de Hérédia, de l'Académie française, n'a-t-il pas dit récemment (octobre 1896) dans un salut à l'empereur Nicolas, à propos du pont Alexandre III, qui devait être princièrement inauguré à l'Exposition de 1900 :

Et quand l'*Aube du siècle* à venir aura lui,
Paris, en un transport universel de joie,
Ouvrira fièrement la triomphale voie
Au couple triomphal qu'il acclame aujourd'hui.

Francisque Sarcey appelait également l'année 1900 l'*Aube* du siècle.

Eh bien, non, l'aube du vingtième siècle n'a pas lui en 1900. C'est la fin, le crépuscule du dix-neuvième siècle qu'il faut dire, et non pas le commencement ou l'aube du vingtième. C'est la veille du siècle suivant. L'aurore ne commence qu'après minuit.

J'ai sous les yeux plusieurs ouvrages de l'an 1699 :

1° Dissertation sur le commencement du siècle prochain, savoir laquelle des deux années 1700 ou 1701 est la première du siècle.

2° Lettre critique à l'auteur de la dissertation.

3° Nouvelle dissertation sur le siècle prochain, où l'on fait voir que l'année 1700 est la première du siècle.

4° La querelle des auteurs sur le commencement du siècle prochain.

5° La question décidée sur le sujet de la fin du siècle.

Ces cinq petits livres ont été imprimés à Paris en l'an 1699. Ce sont des discussions à n'en plus finir, des arguments tirés de la Bible, des Pères de l'Église, du dogme chrétien, du déluge de Noé, de l'institution des Jubilés par les papes, et d'interminables bavardages d'avocats qui finissent par embrouiller tellement la question qu'on n'y voit plus goutte, malgré les distinctions subtiles qui y sont faites entre les nombres ordinaux et les nombres cardinaux. Les auteurs se sont même donné la peine d'y intercaler des figures géométriques pour montrer comment les années doivent être séparées et comptées !

Nous rencontrons des dissertations du même genre en l'an 1599, et même le pape, qui s'y trouve associé, ne tranche pas la question et en laisse le soin aux astronomes, lesquels, d'ailleurs, n'ont jamais varié, pas plus que l'arithmétique.

Cette éternelle question est pourtant assez simple.

Une dizaine se compose de dix unités. Le nombre 10 fait partie de la dizaine.

Une centaine se compose de cent unités. Le nombre 100 fait partie de la centaine.

Or, il n'y a pas eu d'an 0 dans l'ère chrétienne. L'an premier de cette ère, c'est l'an 1.

Lorsque Jésus-Christ vint au monde, personne ne s'est douté de l'importance de sa venue ni de la place que la religion qu'il allait fonder prendrait dans l'histoire politique des nations. L'année de sa naissance passa inaperçue des Romains comme des Juifs, et même le premier siècle du christianisme, et le second, et le troisième, et le quatrième, et le cinquième, ne prirent pas place au calendrier. Ce n'est qu'en l'an 532 qu'une ère chrétienne fut proposée par un moine de l'église romaine, né en Scythie, nommé Denys, et que sa petite taille avait fait surnommer Denys le Petit, *Dyonisius exiguus*.

C'est lui qui a constitué l'ère chrétienne, au sixième siècle seulement, comme on voit. Il supposa que Jésus était né le 25 décembre de l'an de Rome 753. L'année 754 de la fondation de Rome devint la première de l'ère chrétienne. Cette première année, même dans les idées de Denys, n'était donc pas celle de la naissance de Jésus : son commencement était postérieur de sept jours à cette naissance.

Dans cette recherche de confrontation historique, le moine Denys commit une erreur de quatre ans, facile à constater, la date de la mort d'Hérode étant exactement connue. Le Christ est né en l'an 749 de Rome et non en l'an 753, et est mort à 36 ans et non à 33. Toute l'ère chrétienne est de quatre ans trop jeune. Mais il serait assurément incommode de la changer.

Quoique cette erreur de confrontation soit connue depuis plusieurs siècles (on en parle déjà dans les dissertations citées plus haut), on a conservé l'ère chrétienne telle qu'elle a été proposée par Denys le Petit. Il suffit de s'entendre. C'est là, évidemment, une affaire de convention. Mais, quelle que soit la date adoptée pour le commencement de l'ère chrétienne, il n'y a pas eu d'an 0. Donc, l'an premier est bien l'an 1, et l'an dixième est bien l'an 10, et la centième année du premier siècle est bien l'an 100.

Le problème ainsi posé ne peut pas laisser l'ombre d'un doute dans l'esprit du lecteur. Il n'y a rien de plus simple au monde.

Lorsque la Révolution française créa un calendrier nouveau, elle agit de la même façon, n'imagina pas d'an 0 et appela sa première année l'an 1.

Ce qui paraît tromper certains esprits — probablement superficiels, au moins en ce qui concerne la chronologie — c'est le changement des deux premiers chiffres, des chiffres séculaires, des nombres 1799 à 1800, 1899 à 1900, etc. On passe, en ces millésimes 99, de 17 à 18, de 18 à 19. C'est vrai. Mais il n'y a pas là d'autre différence que celle qui nous fait passer du nombre 9 au nombre 10, du nombre 99 au nombre 100, c'est-à-dire au complément de la dizaine et de la centaine dans le système décimal. Une dizaine va de 1 à 10, une centaine de 1 à 100.

On a bien aussi varié dans la date du commencement de l'année : on a placé ce commencement tantôt au 1er janvier, tantôt au 25 décembre, ce qui était chrétiennement plus logique (car la circoncision n'est évidemment qu'un incident), tantôt à la conception de Jésus ou annonciation de l'ange, fixée logiquement par l'Église à neuf mois de distance, au 25 mars ; tantôt à Pâques, la fête de la résurrection et du printemps. On a, d'autre part, raccourci l'année de dix jours en l'an 1582, pour mettre d'accord le calendrier avec l'astronomie. Mais tout cela n'empêche pas que le dernier jour de l'année 1900 ne soit le dernier du dix-neuvième siècle et que le premier janvier 1901 ne soit le premier jour du vingtième siècle.

On peut constater en ce moment, par la lecture des journaux, qu'il y a encore des dissidents, à Paris, en province et à l'étranger. Je me permettrai, entre autres, quoiqu'il y soit question de moi, de citer textuellement les deux lettres suivantes, publiées dans le *Messager de l'Allier* :

A

Je crois fort que c'est le *Messager* qui a raison.

Puisque M. Maurice Dunan fait appel aux longitudes, il ne récusera pas Camille Flammarion.

Cet astronome vient précisément d'écrire dans le numéro du 25 octobre de la *Revue des Revues* un article intitulé : « En quelle année commencera le vingtième siècle ? »

Je serais heureux si, après lecture, M. Maurice Dunan voulait bien nous faire part de ses réflexions.

G. DE ROCQUIGNY-ADANSON.

B

Voulez-vous me permettre de répondre à la courtoise invitation de M. de Rocquigny-Adanson ? Je me suis empressé de lire le numéro du 25 octobre de la *Revue des Revues* où se trouve l'article de Camille Flammarion sur la fameuse question : « En quelle année commencera le vingtième siècle ? » J'ai trouvé l'article charmant. Camille Flammarion n'écrit-il pas toujours avec esprit ? Mais il n'a pas un instant modifié ma façon de penser.

L'article se réduit à une affirmation, à savoir qu'il n'y a pas eu d'an 0.

« Une dizaine, dit Flammarion, se compose de dix unités. Le nombre 10 fait partie de la dizaine. Une centaine se compose de cent unités. Le nombre 100 fait partie de la centaine. Or il n'y a pas eu d'an 0 dans l'ère chrétienne. L'an premier de cette ère, c'est l'an 1. »

Et Flammarion ajoute encore : « Il n'y a pas eu d'an 0. DONC l'an premier est bien l'an 1 et l'an dixième est bien l'an 10, et la centième année du premier siècle est bien l'an 1000. »

Voilà toute l'argumentation de Flammarion, et j'avoue que son « donc » me paraît un poème. Car l'erreur (erreur, à mon avis) consiste précisément à nier qu'il y ait eu un an 0. Assurément, on ne l'a pas appelé l'an 0. On l'appelle « la première année »; mais comment donc indique-t-on toutes les mesures de durée et d'espace, soit sur l'horloge pour les heures, soit sur la sphère terrestre pour les méridiens, soit sur les routes pour les kilomètres, sinon en allant de 0 à 1 pour la première unité? La « *première heure* » du jour n'est-elle pas l'heure qui va de minuit à 1 heure? La douzième heure n'est-elle pas celle qui commence avec le chiffre XI, et s'il était permis d'aller jusqu'à un total de dix-neuf cents heures, la dix-neuf cent unième ne commencerait-elle pas avec le chiffre 1900? Le méridien 1 n'est-il pas à soixante minutes du premier méridien 0? A quel moment sur une route a-t-on fait dix kilomètres? N'est-ce pas quand on voit la borne portant le chiffe 10, et à quel moment en aurait-on fait dix-neuf cents, sinon quand on arriverait devant la borne portant le chiffre 1900? La « première année » est donc celle qui s'est écoulée du point de départ, à savoir la naissance du Christ. Denys le Petit compta six mois, onze mois, et c'est seulement à la fin des douze mois qu'il put compter une année et poser le chiffre 1.

La deuxième année s'écoula du 1er janvier I au

premier janvier II, de même que la dix-neuf cent unième année commencera avec le 1er janvier 1900 pour finir le 31 décembre 1900; mais on voit bien que les dix-neuf cents ans seront écoulés effectivement à la date du 1er janvier 1900.

Mais, dira-t-on, « pour les Conventionnels, il n'y a pas eu d'an 0, et la première année (1792-1793) s'appela l'an I ! »

C'est le cas d'appliquer ce que dit encore Flammarion, que tout est affaire de convention. « Les poètes comptent autrement que les astronomes », dit Flammarion, qui ne les a pas dans son camp. Je crois que ce sont les poètes qui ont raison. J'ajouterai qu'il est remarquable de voir comme les esprits sont butés sur cette question et combien les opinions deviennent intransigeantes.

MAURICE DUNAN.

Cette argumentation est très serrée, et c'est pourquoi j'ai voulu la reproduire entièrement.

Elle m'engage à reprendre, comme M. Dunan, l'exemple de ce qui s'est passé sous nos yeux, pour ainsi dire, il y a cent ans, en France même.

L'an *premier* de la République française, composé des douze premiers mois, s'est appelé l'an I.

L'an *dixième* s'est appelé l'an X.

La *centième* année de cette nouvelle ère se serait

donc appelée l'an CENT, si l'ère républicaine durait encore.

Il en a été de même dans tous les calendriers.

On aurait pu appeler la première année l'an zéro, mais on ne l'a pas fait.

On aurait pu aussi appeler le premier siècle le siècle zéro. On ne l'a pas fait non plus, et on a eu raison.

On voit, en définitive, que les dissidents reprochent, tout simplement, d'avoir appelé l'an premier l'an I, au lieu de l'avoir appelé l'an 0. Mais c'est ainsi que le calendrier a été établi. Denys le Petit n'a pas posé le chiffre I *après* la première année, mais *pendant*. La première année s'est appelée l'an I. — I veut dire *premier*, tout simplement.

C'est donc le 31 décembre 1900, à minuit précis, que le siècle s'est décroché, pourrions-nous dire, à l'horloge des temps, et est tombé dans l'abîme du passé pour faire place au siècle nouveau.

P.-S. — L'empereur d'Allemagne a décrété que le dix-neuvième siècle finissait le 31 décembre 1899. Le gouvernement a fait allumer à minuit de grands feux sur les places publiques, et au même instant les canons ont tonné dans les forts pendant que les musiques militaires ont exécuté, autour des feux, des airs d'adieu au siècle s'en allant, et au siècle naissant, le salut de la bienvenue.

On a célébré le 31 décembre 1899, à 11 heures et quart, à la chapelle du château, à Berlin, à l'occasion de la fin du siècle, un service divin auquel assistaient les ambassadeurs et les autres représentants diplomatiques, les attachés militaires, le chancelier de l'Empire, les membres du Conseil fédéral, les princes résidant actuellement à Berlin, les chevaliers de l'ordre de l'Aigle noir, les généraux, les amiraux, les commandants des régiments de la garde et des régiments dont l'empereur est le chef, les ministres actuels, les anciens ministres, et les membres du bureau du Parlement et des Chambres prussiennes. Après la cérémonie religieuse, il y a eu réception dans la salle blanche pour les félicitations du jour de l'An.

Les ambassadeurs, le chancelier de l'Empire, le comte de Bülow, le comte Lanza, ambassadeur d'Italie, M. de Rogyeny, ambassadeur d'Autriche-Hongrie, et les autres hauts personnages, ont défilé aux sons de la musique devant l'empereur et l'impératrice qui ont serré la main et adressé des paroles gracieuses à plusieurs d'entre eux.

A la fête séculaire qui a eu lieu à l'arsenal, l'empereur a adressé aux officiers une allocution dans laquelle il a rappelé que l'armée était anéantie au commencement du siècle, et qu'il y a eu alors pour l'Allemagne sept années d'asservissement. « La *sublime idée* du service militaire obligatoire, a ajouté le souverain, a été conçue à ce moment-là ; elle n'a acquis sa véritable importance que par la réorganisation militaire de l'empereur Guillaume-le-Grand, œuvre qui a été couronnée par la victoire et qui a rendu à l'Allemagne l'unité et une situation imposant le respect. »

On peut différer d'opinion sur la « sublime idée » du massacre perpétuel des peuples entre eux, mais il semble qu'on ne devrait pas différer sur un calcul d'arithmétique. Le problème reste pourtant bien simple : puisque l'an 1899 était, par définition même, la 1899[e] année de l'ère chrétienne, l'année 1900 était la 1900[e] et le siècle a fini avec elle.

II

OU A COMMENCÉ LE VINGTIÈME SIÈCLE ?

Nous venons de voir que le vingtième siècle a commencé le 31 décembre 1900 à minuit, ou, ce qui est la même chose, le 1er janvier 1901 à 0 heure.

A minuit, disons-nous, mais de quel méridien ? Est-ce à minuit de Paris, de Londres, de Rome ou de Jérusalem ?

— A minuit de chaque pays.

— Bien. Mais au moment précis où minuit sonnait à Paris, le 31 décembre 1900, il était déjà une heure du matin à Vienne, du 1er janvier 1901. Les Autrichiens sont donc arrivés au vingtième siècle avant les Français ?

Assurément.

Quel est le pays qui a vu le premier l'aurore du vingtième siècle?

Ici se pose une question également fort intéressante :

Où le jour change-t-il de nom?

III

OU LE JOUR CHANGE-T-IL DE NOM ?

L'examen de cette troisième question résoudra la seconde.

Pour le savoir, prenons un globe terrestre entre les mains. Si nous calculons l'heure en allant vers l'Est, nous trouvons que lorsqu'il est minuit à Paris, minuit, je suppose, du dimanche au lundi, il est alors à Vienne 1 heure du matin du lundi ; à Sébastopol, 2 heures du même jour ; à Astrakan, 3 heures ; à Boukhara, 4 heures ; à Saïgon, 7 heures ; à Yokohama, 9 heures ; à l'île des Pins, 11 heures, et à l'île Futuna, midi, toujours du *lundi*.

Si, d'autre part, nous calculons en allant vers l'Ouest, nous trouvons qu'il est alors 10 heures

2

du soir aux îles Açores, 10 heures du soir du dimanche ; 8 heures à Buenos-Ayres ; 7 heures à New-York ; 6 heures à la Nouvelle-Orléans ; 5 heures un quart à Mexico ; 3 heures 41 minutes a San-Francisco ; 1 heure de l'après-midi vers les îles Aléoutiennes, et au délà, à l'île Futuna, midi du *dimanche.*

Recommencez comme vous l'entendrez, vous arriverez toujours à l'un de ces deux résultats, aussi absurdes l'un que l'autre.

Où donc le jour change-t-il de nom ?

Pour chaque pays, on passe à minuit du jour au lendemain ; pour *chaque méridien*, le jour se décroche à minuit, et dimanche devient lundi ; mais pour l'ensemble de la planète, il n'y a pas de date, pas de calendrier. C'est le mouvement de rotation du globe qui, en amenant les différents points de la surface en présence du soleil, produit les successions d'heures et de jours.

En fait — regrettons de l'avouer — ni vous ni moi ne pouvons trouver où commence lundi et où finit dimanche. Ça ne commence et ça ne finit nulle part !

Comment cela peut-il se faire ? Peut-on être en

même temps, en un lieu quelconque du globe, à deux jours différents, dimanche et lundi ?

Évidemment non. Alors il y a donc une ligne de démarcation où l'on passe du dimanche au lundi : lundi à gauche et dimanche à droite de cette même ligne? Où est cette ligne et qui l'a tracée?

Si une telle ligne traversait Paris, ce serait effectivement fort embarrassant. Voyez-vous que l'on soit au 14 juillet pour le côté impair de l'avenue de l'Opéra et l'Ouest de la capitale, et au 13 juillet pour le côté pair et à l'Est? Que l'on soit au 1er janvier à gauche et au 31 décembre à droite!

Remarquons d'abord que, dans les temps anciens, antérieurement à l'unification moderne du globe, chaque pays comptait les heures et les jours à sa guise et avait son calendrier spécial. On n'avait pas à s'entendre, puisqu'on ne se connaissait pas. Les peuplades de l'Amérique comptaient le temps à leur façon. Les Chinois pensaient et agissaient autrement. Les Européens n'éprouvaient même pas le besoin de s'entendre entre eux.

Lorsqu'on eut fait le tour du monde, lorsque les Européens mirent en communication toutes les parties du globe les unes avec les autres, un besoin d'uniformité s'imposa et une ligne de frontières de date ne tarda pas à en résulter. Les Portugais et les Hollandais firent le tour de la planète de l'Ouest à l'Est, en doublant le cap de Bonne-Espérance. Les Espagnols, au contraire, de l'Est à l'Ouest, par le détroit de Magellan. Chaque nation gardant sa manière de compter à bord de ses navires, il en résulta qu'au méridien antipode les habitants de l'île Formose, jadis colonie hollandaise, ont reçu lundi au moment où les Mariannes, découvertes par les Espagnols, recevaient dimanche.

Mais alors, comment se fait-il que personne ne s'aperçoive de cette situation et que l'on paraisse si bien s'entendre sur le globe entier, quels que soient les voyages que l'on fasse, quelles que soient même les dépêches télégraphiques qui se croisent de toutes parts à la surface de la Terre comme le réseau nerveux de l'humanité pensante et agissante?

Voici. Par convention, le jour change de nom... où il n'y a personne pour s'en apercevoir.

A l'opposé juste du méridien de Paris, le 180e degré de longitude — orientale ou occidentale, c'est tout un — traverse l'immense Océan Pacifique sans rencontrer aucune terre. C'est à peine s'il touche le bout de la Sibérie, au détroit de Behring. Le long de ce méridien antipode, il n'y a personne que des poissons.

Reprenons donc notre raisonnement du 31 décembre 1900 relatif au changement de siècle.

En même temps que les horloges de Paris ont marqué minuit le 31 décembre 1900, celles de l'Europe centrale étaient en avance d'une heure et déjà au vingtième siècle. Il était alors 2 heures du matin à l'Isthme de Suez, 3 heures à Téhéran et à Tananarive, 4 heures à Boukhara et Tobolsk, 5 heures à Madras et à Colombo, 6 heures à Mandalay et à Calcutta, 7 heures à Saïgon et à Hanoï, 8 heures à Shang-Haï et à Séoul, 9 heures à Yeddo, 10 heures à Brisbane, 11 heures à Nouméa, midi à l'île Chatham, midi du 1er janvier 1901.

D'autre part, lorsqu'il était minuit à Paris, minuit du 31 décembre 1900, il n'était encore que 11 heures un quart à Lisbonne, que 10 heures 45 à Saint-Louis du Sénégal, que 7 heures à New-York, 6 heures à Chicago (six heures du soir du 31 décembre), 5 heures à Mexico, 4 heures à San-Francisco, 3 heures dans l'île du Prince de Galles,

2 heures dans l'Alaska, 1 heure à Honolulu, midi à l'île Chatham.

Cette île Chatham est, comme chacun sait, voisine de nos antipodes. Sur ce même méridien diamétralement opposé à celui de Paris, on remarque aussi quelques autres îles, l'île de Kermarec, les îles Viti, l'île Wallis, l'île Barbery, l'île Midway, l'île Kanaga, dans les Aléoutiennes. Sur ce méridien, situé juste à douze heures de distance de nous, il est midi quand il est minuit à Paris, midi *du lendemain ou de la veille*. C'est là que les marins ajoutent ou suppriment un jour lorsqu'ils font le tour du monde, et qu'ils reçoivent un jour de paye en plus ou en moins.

Lorsque les navigateurs traversent ce méridien, ils changent réglementairement la date de leur journal de bord, les Français se réglant sur le méridien de Paris, les Anglais sur celui de Greenwich, les Américains sur celui de Washington. Ceux qui font le tour du monde, de l'Est à l'Ouest, et qui auraient perdu un jour en route, ajoutent un jour ; ceux qui le font de l'Ouest à l'Est et qui en auraient gagné un le retranchent. L'administration, disons-nous, — compte même dans les rations ce jour ajouté ou retranché.

Si les navigateurs ne prenaient pas ce soin, ils rentreraient chez eux avec un jour de différence sur leurs compatriotes sédentaires, et c'est précisément ce qui est arrivé, pour la première fois, le 6 novembre 1524, lorsque les compagnons de Magellan, partis d'Espagne le 10 août 1519, par l'Ouest, et revenus par l'Est, furent stupéfaits de voir les Espagnols célébrer les fêtes du dimanche tandis qu'ils étaient convaincus d'arriver la veille. Ils n'en croyaient ni leurs yeux ni leurs oreilles.

C'est aussi là l'origine de la fameuse *semaine des trois jeudis.* Deux voyageurs ayant fait le tour du monde, l'un par l'Ouest, l'autre par l'Est, placent le jour de leur arrivée, soit un jeudi, par exemple, l'un un jour plus tôt, l'autre un jour plus tard que le jeudi local, et trouvent ainsi trois jeudis consécutifs — à moins qu'ils n'aient pris soin de faire en route la correction de date dont nous venons de parler.

En pratique, la ligne de démarcation ne suit ni le 180e méridien de Paris, ni celui de Greenwich, ni aucun autre : elle est fortement contournée, passant à l'Est du Kamtchatka et à l'Ouest des îles Carolines, pour revenir à l'Est de la Nouvelle-Zélande et de l'île Chatham. J'en ai tracé la carte d'après les derniers renseignements que j'ai demandés aux amirautés anglaise et américaine, sur les usages actuels. C'est la troisième que je publie depuis vingt ans, car ces usages ont varié avec les annexions et la politique; il semble que celle-ci puisse être considérée comme définitive.

Après nous être demandé *quand* a commencé le vingtième siècle, nous pouvons donc nous demander aussi *où* il a commencé.

Les habitants de la Terre qui ont les premiers salué le vingtième siècle ont été, du Nord au Sud, les Russes de la Sibérie Orientale et du Kamtchatka, les Japonais de l'île de Yeso et de Tokio, les Espagnols et les Américains des Philippines, les insulaires de la Nouvelle-Guinée, des îles Salomon, des Nouvelles-Hébrides, les Français de la Nouvelle-Calédonie et les Anglais de la Nouvelle-Zélande et de l'île Chatham. C'est cette dernière île qui est entrée la première dans le nouveau siècle, car il me semble qu'il n'y a pas grand monde à la pointe orientale de la Sibérie. Sa longitude est de 180°58' à l'Est de Paris, c'est-à-dire de 12 heures 4 minutes en avance sur nous. Lorsque l'horloge de l'Observatoire de Paris a sonné minuit le

Ligne géographique du changement de date quotidienne.

31 décembre 1900, il y avait déjà 12 heures 4 minutes que le 1er janvier 1901 régnait sur ce point perdu dans l'Océan, c'est-à-dire qu'il était là midi 4 minutes du premier jour du vingtième siècle.

Ces différences de dates n'ont pas été sans inconvénients, surtout autrefois, lorsque les Philippines avaient la date américaine. Luçon et Célèbes, quoique sur le même méridien, avaient deux dates différentes, la première américaine, la seconde asiatique et européenne. Ce n'est qu'en 1844 que l'archevêque de Manille décida que le 30 décembre 1844 serait immédiatement suivi du 1er janvier 1845, adoptant ainsi la date asiatique pour tout l'archipel soumis à sa juridiction *. L'achat de l'Alaska par les États-Unis a

* Pour les amateurs de documents, voici la lettre du gouverneur de Manille, relative à la suppression d'un jour pour les îles Philippines :

« Considerando conveniente el que sea uniforme el modo de contar los dias en esta islas à Europa, China y demas paises, situados al Este del Cabo di Bueno-Esperanza, que cuentan un dia mas, vengo en disponer con acuerdo del Excellentissimo Signor Arzobispo, que por este âno se suprima el martes 31 de diciembre, como si realmente hubiese pasado, y que el siguiente dia al Lunes 30 del mismo, se cuente miercoles 1° de Enero de 1845.

» Manilla, 16 de Agosto de 1844.

» NARCISO CLAVERIA. »

eu pour effet de donner à ce territoire la date américaine au lieu de l'asiatique.

Cette fin du dix-neuvième siècle a probablement marqué aussi la fin de ces insulaires de la petite île Chatham. Il y a cent ans, ils étaient encore deux mille. On en comptait quinze cents vers 1830. Ils vivaient tranquilles, simples et à peu près nus, sous le bon soleil de la nature. Leurs voisins les Maoris de la Nouvelle-Zélande vinrent les visiter en 1835, les trouvèrent doux, heureux et gras, et les mangèrent,... après leur avoir fait construire par eux-mêmes les fours destinés à les cuire et leur avoir fait transporter le bois convenable pour mener à bien la cuisson. On les fit rôtir, on s'en régala et l'on en prépara des viandes de conserves. Vers 1870, il en restait encore deux cents, et peut-être en reste-t-il encore une cinquantaine aujourd'hui. C'est, en petit, l'histoire habituelle, ancienne et contemporaine, de notre charmante race humaine. Partout et toujours, dans toute l'histoire des peuples, la Force prime le Droit. Charmante planète !

Le vingtième siècle a donc commencé le 1er janvier 1901, à l'origine des heures pour chaque pays, c'est-à-dire à minuit du 31 décembre au 1er janvier. Les Asiatiques sont entrés avant les Européens dans ce nouveau siècle et les Européens avant les Américains.

Souhaitons que cette ère nouvelle amène la suppression des guerres internationales — vol des territoires et des peuples, assassinat des citoyens, — diminue un peu la sottise humaine, et détermine, avec le développement toujours grandissant des sciences, un véritable avancement moral dans le progrès de l'humanité !

NOUVELLE ANNÉE!

CURIOSITÉS ET IMPERFECTIONS DU CALENDRIER

Et interea fugit irreparabile tempus!

Ce n'est pas d'aujourd'hui que le commencement de chaque année est salué par mille souhaits de bonheur et une avalanche d'almanachs. L'annuaire le plus ancien, qui s'est perpétué sans interruption jusqu'à nous, est précisément notre *Connaissance des Temps*, dont la première année date de 1679. Ceux d'entre nos lecteurs qui aiment les curiosités bibliographiques, en trouveront ici le curieux frontispice, qui, sous Louis XIV, la Régence et Louis XV, annonçait à nos trisaïeux le renouvellement de chaque année.

Si quelque habitant de Vénus ou de Mars venait

faire un tour sur notre globe aux environs du 1er janvier, peut-être serait-il fort surpris de voir tous les citoyens et citoyennes se congratuler si vivement d'avoir une année de moins à vivre en ce bas monde. Sans doute, la vie ne vaut pas cher, les années s'envolent vite, et Lamartine a eu raison de dire de chacune d'elles :

C'est encore un pas vers la tombe
Où des ans aboutit le cours,
Encore une feuille qui tombe
De la couronne de nos jours !

Mais enfin, en face de l'orgie des étrennes de toute nature que la vieille année lance au seuil de la nouvelle, et devant la tempête de cadeaux et de compliments qui souffle en tourbillons pendant quinze jours sur toute l'humanité, masculine et féminine, adulte ou enfantine, notre observateur extra-terrestre ne pourrait s'empêcher de conclure que vraiment tout le monde est dans la joie d'approcher un peu plus du tombeau ! A toutes les bizarreries de la nature humaine, notre voyageur céleste ajouterait encore, sans doute, l'inconséquence, et son impression serait, évidemment, que si nous sommes doués de quelques

Frontispice de l'ancienne *Connaissance des temps.*

facultés intellectuelles, la logique n'est pas nôtre qualité dominante.

En effet, il semble que tous les habitants de la Terre se réjouissent d'avoir un an de plus, d'être avancés de douze nouveaux mois vers le terme final, d'être allégés d'une année dans le poids de la vie. Ce n'est pas seulement de la joie, c'est du délire. Les félicitations, les cadeaux, les lettres, les cartes de visite, les louis d'or, les billets de banque pleuvent de toutes parts, et nul ne voudrait se soustraire à ce tourbillon enchanteur. Paris s'emplit de boîtes de musique et d'orgues de barbarie que l'on ne sort que ce jour-là. Tout le monde s'embrasse et l'on pleure de bonheur, les grands-parents comme les enfants. Encore une année de partie! Quel triomphe, que de remerciements à adresser au ciel! On est si heureux que la nuit du 31 décembre au 1er janvier se passe sans sommeil...

Vous me direz peut-être que si l'on se réjouit tant, c'est plutôt d'inaugurer une nouvelle année que d'en avoir une de plus sur la tête. Mais cela revient à peu près au même : c'est se féliciter de vieillir, ce qui est, du reste, à la vérité, le seul moyen que l'on ait trouvé de ne pas mourir. Mais pourquoi n'y met-on pas une joie un peu plus discrète? On n'y réfléchit qu'à demi. Si l'on était logique, on devrait être fort maussade et supprimer les étrennes. Les anniversaires ne devraient être indifférents qu'aux astronomes, parce qu'ils savent que les années terrestres sont insignifiantes, que la Terre est un globe assez mal réussi, que l'on n'a le temps d'y jouir de rien, et qu'il y a des planètes comme Neptune, par exemple, où les années sont 165 fois plus longues que les nôtres, de sorte qu'un homme de quarante ans est né deux mille ans avant l'érection des pyramides. Une telle longévité vaudrait la peine qu'on s'y attachât. Mais ici, tout passe si vite, qu'il n'y a vraiment pas de quoi s'en féliciter avec tant de pompe.

Il est vrai que, toujours en vertu de la même logique, ce jour de fête que l'on célébrait jadis au printemps, a été mis au milieu de l'hiver, de la saison la plus désagréable qui existe sous nos latitudes. Au printemps, le soleil revient, les fleurs renaissent, les oiseaux chantent. C'était trop naturel de fêter le Soleil ; on a mis le jour de l'an à l'époque la plus sombre et la plus froide de nos climats.

Cette fameuse logique continuant de nous diriger, on a pris soin, en changeant l'ordre des mois, de ne pas changer leurs noms. De cette façon, le neuvième mois de l'année s'appelle le septième (septembre), le dixième s'appelle le huitième (octobre), le onzième s'appelle le neuvième (novembre), et le douzième s'appelle le dixième (décembre). C'est parfait.

Dans l'orbite que la Terre décrit autour du Soleil, il y a quatre points géométriques que l'on aurait pu choisir, les deux solstices et les deux équinoxes. On s'en est bien gardé. En ce moment, il est vrai, le 1er janvier est voisin du périhélie; mais c'est une pure coïncidence, et cela ne durera pas, parce que le périhélie se déplace.

L'année se composant de 365 jours un quart, on aurait pu faire quatre trimestres égaux formés de trois mois de 31, 30 et 30 jours. Ce serait simple. Le jour de l'an ne compterait pas; ce serait un jour de fête : janvier 0 comme disent les mathématiciens. Tous les quatre ans, on aurait deux jours de fête au lieu d'un. De la sorte, toutes les années se ressembleraient et pourraient, par exemple, commencer toutes par un lundi — et les trimestres également.

Ce serait trop simple : que deviendraient les

marchands de calendriers ! Il vaut mieux changer de jours tous les ans et embrouiller les fêtes.

Et puis, souvenons-nous que les Romains, qui étaient également très raisonnables, avaient peur du dernier jour de février, mois consacré au dieu des morts, et que pour ne pas s'attirer la colère des dieux de l'Olympe, au lieu d'ajouter franchement un jour tous les quatre ans, ils le glissèrent subrepticement entre deux autres et l'appelèrent le deuxième-sixième (bissextus) avant les calendes de mars. Par ce subterfuge, février n'avait toujours que 28 jours et l'on évitait un sacrilège et de grands malheurs publics. Ce jour supplémentaire étant ainsi caché entre deux autres, *les dieux ne le voyaient pas !* En effet, ils n'ont pas protesté, et nous avons eu nos années bissextiles avec des mois de février de 29 jours.

Ne rions pas trop. Combien de rues, à Paris même, n'ont-elles pas leur numéro 13 changé en 11 *bis?*

D'ailleurs nous-mêmes, chrétiens, nous avons tenu à garder pieusement cette superstition antique et à ne pas élever février à la dignité des autres mois. Du reste, nous continuons à donner des noms païens aux jours de la semaine, tout en sachant bien que la Lune ne gouverne plus le lundi, Mars le mardi ou Vénus le vendredi. Toujours la logique!

Et tout est du même ordre. Regardez un calendrier. Quelle est la fête du 1er janvier? N'est-ce pas là une inauguration singulière?

Mais que parlons-nous de logique! Le mot de *Calendrier* lui-même, qui a pour objet d'indiquer les Calendes, ne devrait-il pas être supprimé puisque les *Calendes* n'existent plus? Ne devrait-on pas dire tout simplement *Annuaire?*

Il faut avouer, du reste, qu'à certains égards les choses ne sont pas absolument simples dans la nature elle-même. Ainsi, la révolution annuelle de notre planète autour du Soleil ne s'accomplit pas en un nombre exact de jours, mais comme chacun le sait, en 365 jours plus une fraction. Cette maudite fraction a causé bien des embarras.

Si elle était d'un quart de jour juste, il suffirait d'ajouter un jour à l'année tous les quatre ans pour maintenir le calendrier d'accord avec la nature. Mais au lieu de 6 heures, cette fraction est de 5 heures 48 minutes 45 secondes et demie, ou 0j 2421934.

Il y a donc, avec 6 heures ou un quart de jour juste, une différence de 11 minutes 14 secondes et demie, embarrassante et difficile à caser.

Le calendrier julien, établi par Jules César, intercalant simplement un jour bissextile tous les quatre ans, faisait l'année de 365j 25. Elle était donc un peu trop longue, de près d'un centième, de trois jours en quatre cents ans.

Le calendrier grégorien, en supprimant comme bissextiles les années séculaires à l'exception d'une sur quatre, fait l'année de 365j 2425, encore un peu trop longue, de 3 dix-millièmes de jour environ, ou 25 secondes, ce qui donne un jour de trop en trois mille ans environ.

Le calendrier perse, qui est le plus approché, fait l'année de 365j 2424242424... C'est encore un peu trop long, d'un jour en cinq mille ans.

Un computiste très méticuleux, M. Auric, a proposé récemment une précision encore plus parfaite. Le calendrier grégorien fait bissextiles « toutes les années dont le millésime est divisible par 4, sauf les séculaires, à l'exception d'une sur quatre ». Ici, on propose que « toutes les années dont le millésime est divisible par 4 soient bissextiles, sauf celles dont le millésime est divisible par 128, règle qu'il serait très facile d'appliquer. Ce comput donnerait pour l'année : 365 jours, 2421875. Elle serait seulement un peu trop courte, ... d'un jour en trente mille ans.

Nous pourrions évidemment nous contenter de cette approximation, sauf, dans trente mille ans, à ajouter un jour — à moins que, d'ici là, nos années n'aient elles-mêmes un peu changé. C'est ce que *nous* verrons !

Remarquons, précisément, que l'année n'est pas invariable. Elle était, en 1800, d'après les calculs de Le Verrier, de 365^{j} 5^{h} 48^{m} 46^{s} 045, avec une diminution de 0^{s} 539 par siècle. La différence avec l'année grégorienne, de 365^{j} 2425, ou 365^{j} 5^{h} 49^{m} 12^{s}, va donc en augmentant. Elle est maintenant de 1 jour en 3260 ans ; mais, dans 3260 ans, elle sera de 1 jour pour 2580 ans.

A l'époque de la fondation de Rome, le calendrier, très imparfait, suivait à peu près les phases de la lune et se composait de 304 jours divisés en 10 mois ainsi réglés :

1. *Mars*, dieu Mars.
2. *Aprilis*, Aphrodite (Vénus) ou *aperire* (ouvrir).

3. *Maïa*, déesse Maïa.
4. *Junius*, déesse Junon.
5. *Quintilis*, cinquième.
6. *Sextilis*, sixième.
7. *September*, septième.
8. *October*, huitième.
9. *November*, neuvième.
10. *December*, dixième.

Numa Pompilius fit une première réforme en ajoutant deux mois, Januarius consacré au dieu Janus et Februo consacré au dieu des morts, et il paraît que c'est dès cette époque que l'usage s'établit à Rome de commencer l'année en janvier, tout en laissant aux mois leur ancienne désignation. Mais la réforme de Numa était bien incomplète, son année n'étant que de 355 jours, auxquels les pontifes ajoutaient au complément variant selon leurs intérêts !

Quintilis et Sextilis sont devenus Julius et Augustus, pour honorer la mémoire de Jules César et d'Auguste. Tibère, Néron et Commode essayèrent de se faire consacrer les mois suivants, mais heureusement pour l'honneur des peuples, cette tentative ne réussit pas.

Depuis longtemps donc, le mois auquel on a conservé la dénomination du 7e mois de l'année, *septembre*, se trouve être le 9e mois ; octobre (le 8e) se trouve être le 10e ; novembre (le 9e) se trouve être le 11e, et décembre (le 10e) est devenu le 12e et dernier.

Ainsi les noms des mois n'ont rien de commun ni avec le calendrier chrétien, puisqu'ils sont païens, ni avec leur propre origine puisqu'ils sont transposés, et ils n'ont même pas le caractère climatologique de ceux du calendrier républicain de notre grande Révolution de 89, si euphémiques et si heureusement imaginés. Comme ces noms répondaient bien aux tableaux de la nature ! Ils avaient la même terminaison pour les mois de chaque saison, et se rattachaient aux faits météorologiques ou agricoles annuels : vendémiaire correspondait aux vendanges ; pluviôse, au temps des pluies ; frimaire, à l'époque de frimas ; germinal, floréal, prairial semblaient des sylphes dansant au soleil joyeux du printemps ; fructidor annonçait les fruits ; messidor, les moissons. On connaît la correspondance de ces mois avec ceux du calendrier grégorien :

Vendémiaire	du 21 septembre	au 20 octobre
Brumaire	— 21 octobre	— 19 novembre
Frimaire	— 20 novembre	— 19 décembre
Nivôse	du 20 décembre	— 18 janvier
Pluviose	— 19 janvier	— 17 février
Ventôse	— 18 février	— 19 mars
Germinal	— 20 mars	— 18 avril
Floréal	— 19 avril	— 18 mai
Prairial	— 19 mai	— 18 juin
Messidor	— 19 juin	— 17 juillet
Thermidor	— 18 juillet	— 16 août
Fructidor	— 17 août	— 20 septembre

Ces dates changent avec celles de l'équinoxe. Chaque mois avait trente jours et l'on ajoutait 5 ou 6 jours complémentaires, suivant que l'année était bissextile ou non. Mais on avait poussé la fantaisie jusqu'à désigner ces jours sous le nom de *sans-culottides* (les citoyens de notre planète ne peuvent pas rester sérieux deux heures de suite !) Ajoutons aussi que ces dénominations, inspirées par nos climats, ne correspondaient ni à l'hémisphère austral, ni même à tout notre hémisphère et que, par ce fait regrettable, le calendrier républicain *ne peut pas être universel.*

Il y a, au surplus, bien des personnes qui préféreraient que les années ne fussent pas comptées du tout. Tel était, du moins, l'avis de ces deux dames de la cour de Louis XV qui avaient l'habitude de décider ensemble, la dernière semaine de chaque année, « l'âge qu'elles devaient avoir l'année suivante ».

Au fait, il y a des peuples primitifs qui n'ont pas encore de calendrier et où personne ne connaît son âge. Est-ce si désagréable ?

Le commencement de l'année a été fixé, pendant très longtemps, à l'Incarnation, autrement dit à la visite de l'ange Gabriel, c'est-à-dire neuf mois avant la naissance de Jésus, soit au 25 mars, et les années chrétiennes avaient pour formule *ab Incarnatione Christi*. Cet usage, très répandu en Europe, a duré jusqu'en 1745 chez les habitants de Pise, et le calcul de Denys avait même reçu le nom de « Calcul pisan ». Les rois de France adoptèrent tantôt le 25 mars, tantôt Noël, tantôt Pâques, et c'est ce dernier usage qui régnait lorsqu'en 1563 Charles IX fixa le commencement de l'année au 1er janvier. D'autres continuaient de suivre l'usage romain, de commencer l'année au 1er mars, comme au temps de Jules César. Ces divers systèmes de chronologie sont souvent une source de confusions inextricables dans la lecture des chroniqueurs du moyen âge. Pâques étant la fête la plus mobile qui se puisse imaginer, puisqu'elle peut correspondre à tous les jours compris entre le 22 mars et le 25 avril, on rencontre des années qui ont eu deux mois d'avril presque complets.

Charlemagne, voulant que le début de l'année fût sanctifié par une fête importante, fixa cette origine à Noël, malgré sa date du 25 décembre. Sous les rois capétiens, la fête de Noël fut remplacée par celle de Pâques, malgré la mobilité de cette fête; de là, comme nous le disions, des années de la plus bizarre irrégularité; ainsi, par exemple, l'année 1347 a commencé le 1er avril et fini le 20 avril de l'année suivante, en sorte que toutes les dates comprises entre le 1er et le 20 avril se trouvent répétées deux fois dans la même année, pendant le premier mois et pendant le treizième, ce qui est encore aujourd'hui une source d'erreurs pour les chronologistes.

On lit dans la *Généalogie des rois de France* de Bouchet, écrite en 1506: « Le roy Charles VIII alla à trépas au chasteau d'Amboise, le 7 avril 1497 avant Pasques, à commencer l'année à la feste de Pasques ainsi qu'on le fait à Paris, et en 1498, à commencer à l'Annonciation de Nostre-Dame, ainsi qu'on le fait en Aquitaine. » Ainsi, même dans les limites de la France, on ne s'entendait pas. Les actes judiciaires, les actes publics et administratifs, et surtout les transactions commerciales éprouvaient le plus grand préjudice à ces irrégularités. C'est pour remédier à cet état de choses qu'en 1563 le chancelier de L'Hospital fit signer au roitelet Charles IX, alors âgé de treize ans, l'édit qui fixa au 1er janvier, date déjà en usage à Rome et en Allemagne, le commencement de l'année 1564. Cet édit appartient à la même ordonnance qui créa à Paris les premiers juges-consuls du tribunal de commerce. Depuis cette époque, la date du 1er janvier a été insensiblement adoptée. Elle ne serait pas facile à changer.

Il faut avouer, du reste, que rien n'est plus arbitraire que la fixation du changement d'année. Pourquoi le 1er janvier, le 25 décembre, le 25 mars ou quelque autre date que ce soit? La Terre tournant autour du Soleil suivant une ellipse peu différente d'une circonférence, une telle figure n'a ni commencement ni fin, de sorte que la nature elle-même ne s'est pas chargée de marquer où l'année commence et où elle finit. Pourtant les saisons existent. L'impression la plus naturelle, semble-t-il, serait de commencer l'année avec les beaux jours. Oui, mais le printemps de l'hémisphère boréal, c'est l'automne de l'hémisphère austral, et quand le linceul de l'hiver étend ses neiges sur la France, l'Allemagne et la Russie, la Patagonie et la Nouvelle-Zélande se délectent aux rayons du soleil d'été. Voilà pourquoi les noms, d'ailleurs si euphoniques, du Calendrier républicain ne peuvent être appliqués au globe entier : ils ne sont pas astronomiques, et, j'en demande bien pardon à tous les corps d'états du monde entier, nul ne peut rien construire de durable en fait de mesures du temps ou de l'espace, comme en fait de n'importe quoi, si l'on est en désaccord avec Messieurs les astronomes. Les rois, les ministres, les décrets passent, le ciel reste — et la Terre est dans le Ciel.

Donc, thermidor de Paris étant pluviôse de Buenos-Ayres, et floréal de Melbourne étant brumaire de Londres, ce sont là des noms inacceptables pour l'ensemble du globe.

Comme il n'y a pas la moindre logique dans les événements humains, tous les systèmes absurdes de calendrier se succéderont avant qu'on en adopte un rationnel, si jamais on y arrive. Sans contredit, le système le plus scientifique serait de commencer l'année soit à l'un des équinoxes, soit à l'un des solstices, attendu que les deux points extrêmes de l'ellipse décrite par la Terre autour du Soleil, le périhélie et l'aphélie, ne sont pas fixes, mais se déplacent de siècle en siècle et font le tour des saisons en 21.000 ans....

La République française avait fixé le commencement de l'année au 1er vendémiaire ou 22 septembre, jour de la proclamation de la République qui, par un accord qu'en d'autres temps on eût qualifié de providentiel, se trouva précisément coïncider avec l'équinoxe. En effaçant la couleur politique, ce que les autres nations avaient évidemment le droit de faire, la date astronomique restait, et elle n'est pas plus mauvaise qu'une autre. Elle est même digne d'attention, l'équinoxe d'automne de notre hémisphère est l'équinoxe de printemps de l'autre, et c'est là une date qui prend son origine dans la nature. Seulement, si l'on choisissait comme date naturelle le 22 septembre, il faudrait aussi fixer là le premier jour du premier mois et trouver douze noms de mois applicables aux deux hémisphères.

Nous avons vu plus haut que le calendrier de Jules César, qui intercalait tout simplement une année bissextile tous les quatre ans, nous faisait cadeau de trois jours de trop en quatre cents ans. Au seizième siècle, la différence était déjà de dix jours. En continuant ainsi, l'équinoxe de printemps, au lieu d'arriver le 21 mars, serait arrivé graduellement le 10 mars, le 1er mars, le 20 février, etc., en rétrogadant les mois.

Les astronomes du temps du pape Grégoire XIII, et en particulier Louis Lélio, corrigèrent leurs devanciers du temps de Jules César et proposèrent de supprimer d'abord les dix jours d'erreur, puis de décider que dans l'avenir les années séculaires ne seraient plus bissextiles, à l'exception d'une sur quatre. Il y a une règle bien simple pour trouver si une année séculaire est bissextile ou non, c'est d'effacer les deux zéros de la droite ; si les chiffres restants sont divisibles par quatre, l'année est bissextile ; sinon, non. Ainsi les années 1700, 1800 et 1900 sont bissextiles dans le calendrier julien et ne le sont pas dans le grégorien. L'an 2000 le sera dans les deux.

Voilà toute la différence entre l'ancien calendrier et le moderne. Il reste bien encore une petite correction à faire, de 2 jours 10 heures en dix mille ans : nos arrière-neveux la feront sans doute.

Le pape ordonna donc que le lendemain du 4 octobre 1582 s'appellerait le 15. Comme curiosité historique et bibliographique, j'offre à mes lecteurs un fac-similé de la page du calendrier officiel imprimé à Rome même en 1582, par ordre du pape Grégoire XIII, calendrier que j'ai trouvé par le plus grand des hasards, il y a quelques années, dans la boîte d'un bouquiniste du quai Malaquais à Paris.

La France, l'Espagne, l'Italie, les pays catholiques adoptèrent immédiatement la réforme. En France, la correction fut faite au mois de décembre suivant par lettre patente du roi Henri III : le dimanche 9 décembre 1582 fut suivi immédiatement du lundi 20 décembre.

En dehors des pays obéissant à la juridiction spirituelle du pontife romain, personne ne voulut rien changer aux habitudes. On préféra rester en désaccord avec une décision papale.

On tergiversa indéfiniment. La moitié de l'Europe avait adopté la réforme que l'autre moitié datait encore selon l'ancien usage, ce qui ne laissait pas de créer pas mal d'embarras. L'Allemagne ne se décida qu'en 1700, et l'Angleterre seulement en 1752, ce qui est encore bien beau de sa

Cycl[o] Epact. An. Cor. 1582.	Litt. Dom. cal.		Dies mensis.	OCTOBER Cui desunt decem dies pro correctione Anni Solaris.
xxii	A	Kal.	1	Remigii epi & confess.
xxi	b	vi	2	
xx	c	v	3	
xix	d	iiii. No.	4	Francisci confes. duplex.
viii	A	Idib.	15	Dionysii, Rustici, & Eleutherii mart. semidup. cum com. S. Marci Papæ & confessoris, & ss. Sergij, Bacchi, Marcelli, & Apuleij martyrum.
vii	b	xvii	16	Callisti Papæ & mar. semid.
vi	c	xvi	17	
v	d	xv	18	Lucæ Euangelistæ. dupl.
iiii	e	xiiii	19	
iii	f	xiii	20	
ii	g	xii	21	Hilarionis abbatis. & cõ. ss. Vrsulæ & soc. virg. & mart.
i	A	xi	22	
*	b	x	23	
xxix	c	ix	24	
xxviii	d	viii	25	Chrysanthi & Dariæ mart.
xxvii	e	vii	26	Euaristi Papæ & mart.
xxvi	f	vi	27	Vigilia.
25 xxv	g	v	28	Simonis & Iudæ Apostol. dup.
xxiiii	A	iiii	29	
xxiii	b	iii	30	
xxii	c	Prid.	31	Vigilia.

Page extraite du Calendrier imprimé à Rome en 1582, par ordre du pape Grégoire XIII, montrant le passage du 4 au 15 octobre et la suppression des 10 jours.

part, car on sait qu'elle continue de résister opiniâtrément à l'adoption du système métrique et de l'unité des poids et mesures. — *Rule Britannia!* — Mais c'était presque une révolution, car chez eux, l'année commençant alors le 25 mars, il s'agissait en même temps de la faire commencer le 1er janvier et de supprimer, non pas dix jours, mais trois mois! Vieillir tout d'un coup de trois mois, c'est terrible! Les belles londonniennes firent d'abord une guerre sourde à une pareille proposition, laissant entendre qu'il n'y avait pas de raison pour ne pas recommencer de temps en temps le même tour; les ouvriers, de leur côté, perdant, en apparence, un trimestre dans leur année, se révoltèrent pour tout de bon, et, le jour de la proclamation du bill, le peuple poursuivit lord Chesterfield, aux cris répétés de : « Rendez-nous nos trois mois! » Mais il n'y eut pas d'effusion de sang, et la Terre continua de tourner.

Aujourd'hui encore, la Russie n'ose pas toucher au Calendrier julien, consacré par la religion orthodoxe : elle est restée en retard de douze jours sur le soleil pendant presque tout le dix-neuvième siècle. Depuis le 1er mars 1900, elle est en retard de 13. Le czar, orthodoxe et autocrate, n'ose-t-il donc ordonner cette réforme urgente? Il le fera quelque jour.

Peut-être le Ciel indiquerait-il par quelque signe qu'il approuve le progrès accompli. En Italie, après la réforme grégorienne, le P. Riccioli assura que le sang de saint Janvier, qui jusqu'alors s'était liquéfié ponctuellement le 19 septembre, avança immédiatement son miracle au 9, pour prouver que le pape avait eu raison. Le même auteur ajoute qu'une branche d'arbre qui bourgeonnait habituellement dans un jardin de Naples, le jour de Noël, s'avança également de dix jours. Au contraire, dans les pays protestants, on vit jusqu'à des animaux « protester ». Ainsi, une vieille superstition anglaise assurait que le jour de Noël, à minuit, les chats tombaient tous sur leur nez, et on annonça qu'après la réforme ils continuèrent leurs prostrations à la date du vieux style.

Encore un point. L'année n'a pas une durée fixe; elle varie en longueur de 38 secondes en plus et en moins autour de sa durée moyenne. Cette longueur moyenne de l'année aura lieu l'an 2360 de notre ère (à peu près dans 460 ans d'ici). Elle a constamment diminué depuis l'an 3040 avant Jésus-Christ. Au commencement de ce siècle, l'année était de 365 jours 5 heures 48 minutes 46 secondes. Sa plus courte durée aura lieu en l'an 7600, avec 76 secondes de moins qu'en l'an 3040 avant Jésus-Christ, savoir : 38 secondes perdues de cette dernière date jusqu'en l'an 2360 après Jésus-Christ, et 38 autres secondes dont la durée de l'année sera raccourcie, de l'an 2360 jusqu'à l'an 7600. A notre époque, l'année perd en durée un peu plus d'une demi-seconde par siècle. Un centenaire de nos jours a réellement vécu vingt minutes de moins qu'un centenaire du siècle d'Auguste, et une heure de moins qu'un centenaire du temps de l'empereur chinois Hoang-Ti. La plus courte durée de l'année, disons-nous, aura lieu en l'an 7600, avec 76 secondes de moins qu'en l'an 3040 avant notre ère.

C'est insignifiant. L'important, dans la nature, dans la vie humaine comme dans celle des autres êtres, c'est l'action du soleil le long de l'année, action très multiple et fort curieuse. En France seule, il naît, par exemple, cent soixante mille enfants de plus en mars qu'en juin...

Mais ne nous égarons pas dans les aspects physiologiques des mois et des jours, et terminons cette causerie sur le calendrier en souhaitant à tous nos lecteurs des années dignes du meilleur des mondes. La planète que nous habitons n'est-elle pas un peu ce que nous la faisons nous-mêmes ?

Les anciens s'imaginaient que l'état politique du globe était lié aux étoiles, et ce qu'ils nommaient la grande année des étoiles devait ramener sur la Terre les mêmes peuples, les mêmes faits, la même histoire, de même qu'au ciel la suite des siècles ramène les mêmes aspects des astres. Comme on croyait aux influences planétaires, on supposait que les planètes revenaient aussi aux mêmes points du ciel en 25 ou 30,000 ans ; mais on était bien loin de compte, car il faudrait déjà 250,000 siècles pour ramener seulement la Lune, Mercure, Vénus, Mars, Jupiter et Saturne au même degré du Zodiaque.

Ces durées de périodes célestes dépassent l'idée ordinaire que l'homme se fait du temps quand il admire l'âge d'un centenaire. Ces événements cosmiques, qui ne se reproduisent qu'après des milliers de siècles et qui nous paraissent de très rares occurrences, sont au contraire pour l'éternité des phénomènes fréquents. Ces périodes de millions de siècles ne sont que les secondes de l'horloge éternelle.

On se souvient de l'anecdote des étudiants allemands. Ils étaient une vingtaine à table, faisant à la fin d'une année d'études un dîner d'adieu. On parle de la *grande année sidérale* et du plaisir que donne l'assurance de se trouver tous à cette même place dans trente mille ans. L'hôte, qui tient le milieu du festin et qui veille au service, se pique de philosophie et prend part à la conversation. Il exprime sa profonde conviction de la vérité de ce qui vient d'être dit, et au moment même où l'on se lève de table, l'amphitryon salarié témoigne à ses convives le bonheur qu'il aura à les retrouver à la fin de la grande année : « Au revoir donc, messieurs ! »

Celui qui était chargé de payer s'adresse alors à l'hôte et lui demande de faire crédit jusqu'à la prochaine réunion. Celui-ci, fidèle à ses convictions, accepte, non sans un certain déplaisir. Déjà le payeur remettait la bourse dans sa poche, lorsque l'hôte, se ravisant, dit à ses convives :

— « Puisque nous serons comme aujourd'hui dans trente mille ans, nous étions ainsi déjà ensemble, il y a trente mille ans, comme aujourd'hui? »

— « Sans doute », s'écrie-t-on de toutes parts.

— « Eh bien, messieurs, alors vous m'avez demandé crédit comme aujourd'hui. Payez-moi le dîner d'il y a trente mille ans, j'attendrai pour celui-ci. »

Et moi, chers lecteurs, je souhaite que nous nous retrouvions tous, tels que nous sommes aujourd'hui,... à Athènes ou à Paris.

Il ne serait probablement pas désagréable de revenir sur la Terre de temps en temps, d'un siècle à l'autre, pour assister à la marche du Progrès.

LE CALENDRIER RUSSE

Depuis quelque temps on s'occupe vivement en Russie du projet de réforme du calendrier. En Russie, à l'exception du royaume de Pologne et du grand-duché de Finlande, fonctionne jusqu'à présent le calendrier julien, séparant l'empire des Tsars par une barrière toujours croissante de l'Europe occidentale qui a adopté depuis longtemps la réforme de 1582. Sous les auspices de la Société d'Astronomie de Saint-Pétersbourg, une Commission a été créée, composée des membres du Comité de cette Société, des représentants des différents ministères, ainsi que des représentants du Saint-Synode, de l'Académie des Sciences et de quelques autres Sociétés savantes. Cette Commission a fini dernièrement ses travaux et le rapporteur, le professeur De Glasenapp, en a donné connaissance à l'assemblée générale de la Société d'Astronomie de Saint-Pétersbourg.

Ce rapport avoue les défauts du calendrier julien, qu'il nomme païen et erroné. Il n'est pas cependant moins sévère pour le calendrier grégorien, auquel il reproche l'erreur d'un jour en 3320 ans.

La Commission trouve que le calendrier grégorien est « erroné, illogique et inconséquent » et a décidé d'élaborer un nouveau projet qui donnerait un calendrier plus juste et plus logique.

Quels sont les principes de ce projet ?

Le professeur De Glasenapp propose de continuer les années ordinaires de 365 jours et les bissextiles de 366. Les années bissextiles seraient celles dont les chiffres sont divisibles par 4, à l'exception néanmoins de celles dont les chiffres peuvent se diviser par 128 * ; ces dernières seraient considérées comme ordinaires. Un tel calcul, assure M. De Glasenapp, crée un calendrier très précis. L'erreur n'est plus que d'un jour en cent mille ans.

* Voir plus haut, pp. 37-38.

La Russie aurait, en conséquence, un nouveau calendrier grégorien, en usage dans le monde entier, si les pays observant le calendrier grégorien, consentaient à adopter le système de M. de Glasenapp. Le savant professeur a, dit-on, l'intention de présenter un projet relatif à ce sujet, au Congrès de l'Exposition. Quelques journaux allemands ont imprimé que le professeur Foerster, directeur de l'Observatoire de Berlin, a été à ce point séduit par l'idée du professeur Glasenapp, qu'il voulait se rendre à Rome et entreprendre auprès du Saint-Siège une propagande fervente en faveur du nouveau calendrier. Le professeur Foerster a démenti dernièrement ce bruit, en déclarant que la nouvelle « dans cette forme » était inexacte.

Au nom d'un syndicat de journaux russes, j'ai l'honneur de vous demander votre opinion personnelle sur l'utilité de cette réforme.

STEFAN KRZYWOSZEWSKI.

Saint-Pétersbourg, janvier 1900.

MON CHER CONFRÈRE,

La réforme du calendrier russe s'impose depuis

longtemps et il est à désirer qu'elle soit décidée le plus vite possible. Vous étiez en retard de douze jours sur la nature : vous voici maintenant en retard de treize à partir de cette année 1900.

Puisque vous voulez bien me demander mon avis sur la réforme à adopter, je vous répondrai que le plus simple et le plus pratique me paraît être de choisir le calendrier grégorien, déjà en usage dans l'ensemble du monde civilisé.

Sans doute il n'est pas parfait. L'année tropique est de $365^j\ 5^h\ 48^m\ 45^s$ 5,506 ou 365^j 2421934. La différence entre ce nombre et 365^j, 25 est de 0^j 0078066 par an, ou de 0^j 0312264 en 4 ans, ou de 3^j 12264 en 400 ans. C'est pour ne supprimer que 3 jours en 400 ans que l'année 1900 n'est pas bissextile. Il reste 0^j, 12264 tous les quatre siècles, ce qui donne, à cause de la variation séculaire, un jour en trois mille ans environ *.

Voilà l'imperfection. Mais qui gêne-t-elle ? Et qui empêchera de faire cette correction d'un jour dans trois mille ans ?

Et puis... les 6e et 7e décimales du nombre annuel sont-elles sûres ?

* Voir plus haut, p. 38.

Le mieux est l'ennemi du bien. La logique absolue n'est pas de ce monde. Nous désignons encore sous les noms de septembre, octobre, novembre et décembre (7e, 8e, 9e et 10e) par un héritage nominal du calendrier romain, les 9e, 10e, 11e et 12e mois de l'année. Les huit autres noms de mois sont restés payens aussi bien que les jours de la semaine, tandis que nous sommes chrétiens. Le premier jour du calendrier consulté par la jeune fille dans son couvent s'appelle circoncision — et ainsi de suite. La logique et la perfection n'étant pas de ce monde, ne soyons pas trop exigeants, et contentez-vous d'adopter le calendrier grégorien. Autrement, vous n'en finiriez jamais ; on devrait rendre les mois plus égaux, commencer toutes les années par le même jour de la semaine, adopter le calendrier proposé il y a treize ans par la Société Astronomique de France, perfectionné encore en plaçant le commencement de l'année à l'équinoxe du printemps. Ce serait très logique, et c'est trop demander à la Russie pour le moment.

Veuillez agréer, etc.

CAMILLE FLAMMARION.

Paris, janvier 1900.

POURQUOI L'ANNÉE 1900 N'A PAS ÉTÉ BISSEXTILE

Nous avons vu que lorsque Jules César établit le calendrier romain on admettait que l'année était de 365 jours un quart juste. En ajoutant un jour tous les quatre ans à la fin de février, on croyait donc mettre la mesure du temps parfaitement d'accord avec la nature.

Mais l'année n'est pas de 365 jours un quart juste, ou 365 jours 6 heures ; elle est un peu plus courte. Sa durée exacte est, actuellement, de 365 jours 5 heures 48 minutes 45 secondes et demie. Il manque donc au quart 11 minutes 14 secondes et demie, de sorte que si pendant plusieurs siècles on conserve régulièrement une année bissextile sur quatre on va trop lentement et l'on est bientôt sensiblement en retard sur la nature. C'est ce qui est arrivé, et ce qui amena en 1582 la réforme du calendrier, décidée par le pape Grégoire XIII.

Cette année-là, on dut ajouter dix jours accumulés depuis le temps de Jules César. En Italie, le lendemain du jeudi 4 octobre 1582 s'appela le vendredi 15 octobre.

D'après ce que nous venons de dire, au lieu d'être de 365j 2500, l'année est de 365 jours 2422. La différence de 0j 0078 par an s'élève à 3j 12016 en 400 ans. Il faut donc en 400 ans supprimer trois jours aux années bissextiles.

Pour arriver à ce résultat, il a été convenu de supprimer le jour intercalaire dans les trois années 1700, 1800, 1900, et l'on décida que trois années séculaires communes seraient suivies d'une année séculaire bissextile.

Ainsi, dans le calendrier grégorien, une année séculaire est ou n'est pas bissextile selon que le nombre séculaire de son millésime est ou n'est pas divisible par quatre.

Voilà pourquoi l'année 1900 n'a pas été bissextile. L'année 2000 le sera.

PROJET DE RÉFORME DU CALENDRIER

Dans ma Revue mensuelle l'*Astronomie* du mois de septembre 1884, j'ai publié l'appel suivant :

Depuis plusieurs années, mais surtout depuis la fondation de cette *Revue d'Astronomie populaire*, nous avons reçu de toutes les parties du monde, et particulièrement de l'Amérique, un grand nombre de demandes et de projets de *Réforme du Calendrier*. Absorbé par des travaux incessants, nous n'avions pu donner jusqu'ici à cette étude l'attention qu'elle mérite. Mais aujourd'hui l'intérêt et l'urgence de cette réforme nous paraissent tellement incontestables, que nous n'hésitons pas à lui ouvrir les colonnes de cette Revue. A notre époque de progrès, aussi nombreux que rapides dans tous les egnres, il est inconcevable que l'on ne se soit pas encore entendu, surtout chez les peuples les plus civilisés de l'Europe, de l'Asie et du Nouveau Monde, pour améliorer, perfectionner et unifier les Calendriers qui tous, sans exception, sont très défectueux. Nous faisons aujourd'hui un appel aux Savants de tous les pays et à tous les Gouvernements, et nous espérons que cet appel sera entendu, comme celui qui a été fait ici même, il y a deux ans, pour l'adoption urgente d'un *Méridien universel*. Ces deux progrès se complètent l'un l'autre. Sans doute, l'homme a toujours été forcé de compter avec le Ciel pour le règlement du temps ; mais le Soleil et la Lune, qui règlent nos Calendriers, doivent nous servir et non pas nous asservir. N'est-il pas temps que l'esprit humain prenne astronomiquement et géographiquement possession de notre planète, au lieu d'être aveuglément mené par elle ?

Pour nous, à partir de ce jour, nous tiendrons haut et ferme le drapeau de la *Réforme du Calendrier*.

La nécessité d'une réforme définitive est aujourd'hui comprise de tout le monde. Il y a lieu d'examiner la question sous ses différentes faces, et d'apporter aux Calendriers actuellement en usage les corrections qui peuvent en faire un Calendrier général, perpétuel, et aussi parfait que possible. Ce grand sujet, d'un intérêt si universel, peut être mis au concours, et c'est là, sans contredit, le meilleur moyen de voir exposées les difficultés pratiques d'une réforme et les conditions dans lesquelles un tel projet puisse être adopté sans grande secousse dans les usages reçus.

Nous venons de recevoir d'un ami du progrès, qui nous recommande de ne divulguer ni son nom ni son pays, la somme de CINQ MILLE FRANCS pour être décernée comme prix *au meilleur projet de Réforme du Calendrier*.

Le comité de rédaction de l'*Astronomie* ouvre donc un concours, à partir d'aujourd'hui, avec l'espérance que les savants qui se mettront à l'œuvre donneront le jour à un projet simple, définitif et applicable à tous les peuples.

CAMILLE FLAMMARION.

P.-S. — Les Mémoires destinés à concourir pour le prix de cinq mille francs devront être adressés, avant le 1er octobre 1885, à M. Flammarion, fondateur et directeur de l'*Astronomie*, à Paris. Un comité sera formé pour juger les travaux, décerner le prix, et proposer la Réforme à un Congrès international.

Cet appel fut suivi, deux mois après, dans l'*Astronomie* du mois de novembre, de l'exposé que voici, indiquant les bases de la réforme à faire.

§ 1er. — APERÇU HISTORIQUE.

Le Calendrier civil (ou l'Annuaire) n'est autre chose que l'état officiel de la division du temps, promulgué par l'autorité civile, réglant l'année, les mois, les jours, les heures, etc.

Dès l'époque la plus anciennes, les homme comprirent la nécessité de régler par des lois la division du temps et la nomenclature de ses diverses parties. Un Calendrier leur parut une chose aussi utile que la monnaie, les poids et les mesures. Aussi tous les peuples, même les plus primitifs ont-ils eu leur Calendrier. Perfectionner ou réformer l'Annuaire fut dans tous les temps la préoccupation des législateurs. Numa, Jules César,

Grégoire XIII, sont les noms les plus célèbres dans l'histoire de cette réforme.

* * *

L'aspiration incessante de tous les siècles vers un Calendrier parfait, les efforts constants de tous les peuples pour le perfectionner, et le malaise qu'ils ont toujours éprouvé et qu'ils éprouvent encore par suite de ses imperfections, disent assez que le Calendrier n'est pas seulement une œuvre d'art et de science, un objet de luxe ou bien une invention simplement utile et commode, mais un besoin réel pour l'homme qui veut vivre en société avec ses semblables, un secours indispensable pour le diriger dans ses travaux et ses affaires, pour son histoire, pour la célébration de ses fêtes, religieuses ou nationales. Le Calendrier est, comme la géographie, et plus encore peut-être, l'œil de l'histoire : il intéresse indistinctement tous les hommes, et tout le monde le consulte sans cesse, parce qu'il est nécessaire tous les jours et à tout le monde.

*
* *

Le Calendrier est en quelque sorte une horloge indiquant avec ordre les divisions de l'année, le nombre et la suite des jours, des mois et des semaines, rappelant une foule de souvenirs et donnant des renseignements utiles en temps opportun. Or, de même qu'une horloge indiquant le nombre et la suite des heures et des minutes est d'autant plus utile et parfaite qu'elle les indique toujours de la même manière et sans variation, qu'elle présente des divisions simples, faciles et toujours semblables, de même on a toujours pensé que la perfection du Calendrier, au point de vue pratique, consiste surtout dans la régularité et l'uniformité de toutes ses dispositions, de sorte que moins il subira de changements d'une année à l'autre, plus il sera utile et commode.

Le principal mérite d'un Calendrier, disait Fabre d'Églantine dans son rapport à la Convention, *est de présenter un grand caractère de simplicité, des divisions naturelles, constantes et faciles à retenir.*

*
* *

Aussi c'est vers ce but qu'ont toujours tendu les efforts des savants et des législateurs qui se sont occupés de faire des Annuaires ou de les réformer. La nature, il est vrai, fut le premier guide de l'homme dans la division du temps, et donna elle-même les premiers et les principaux éléments du Calendrier. Deux astres plus particulièrement en rapport avec la Terre mesuraient le temps avec une grande régularité, indiquant les jours et les nuits, les mois, les saisons et les années ; malheureusement, ces deux horloges célestes n'étaient pas d'accord entre elles en toutes choses, et puis ne mesuraient le temps que d'une manière fort incomplète. Il restait donc beaucoup à faire aux savants et aux législateurs pour écrire dans la loi le Calendrier de la nature et pour le compléter.

*
* *

Ils s'appliquèrent d'abord à régler la durée de l'année civile et à la mettre autant que possible en harmonie avec l'année céleste. Les historiens supposent qu'on essaya quelque temps des annsée d'un jour, puis d'un mois, puis d'une saison; mais on adopta bientôt une durée plus conforme à la révolution annuelle du Soleil ou de la Lune, et l'on eut ainsi à peu près des années de 354, 360, 365 jours, avec une variété infinie de jours complémentaires dont la fixation fut si longtemps le désespoir des astronomes.

*
* *

Ils s'appliquèrent ensuite à fixer l'époque où l'année devait commencer, et cette époque a tellement varié, qu'il n'est guère de mois dans l'année qui n'ait eu quelque temps l'honneur d'en être le premier. Ce ne fut que sous Charles IX, en 1564, que le mois de janvier prit décidément la première place, que, malgré de légitimes protestations, il a su conserver jusqu'à ce jour.

*
* *

Les législateurs eurent encore à choisir entre l'année lunaire et l'année solaire, ou à les concilier par de mutuelles concessions. La lutte a été longue et n'est pas terminée.

*
* *

Ils comprirent également la nécessité de diviser l'année en unités assez grandes qui fussent comme des points de repos pour l'esprit dans cette longue série de 365 petites unités qu'on appelle des jours. Après une légère hésitation entre les saisons et les mois, la division par mois ayant paru plus commode fut généralement adoptée.

Les mois une fois admis, il fallut fixer le nombre de jours dont ils se composeraient, et établir entre eux un certain équilibre. Le problème était sans doute difficile à résoudre, puisque aujourd'hui encore on n'est pas arrivé à le faire d'une manière bien satisfaisante.

*
* *

Le mois lui-même parut ensuite une unité trop grande ; on sentit le besoin d'autres unités intermédiaires, et, suivant les temps et les pays, on eut des ides, des nones et des calendes, des semaines et des décades. Mais la semaine, quoique assez peu commode, triompha à peu près partout pour des raisons auxquelles l'Astronomie est presque étrangère. Je dis « presque » car cette période se rapproche de celle des phases de la Lune et est en quelque sorte un sous-multiple du mois lunaire.

*
* *

Enfin, il restait à régler d'une manière simple et commode le commencement et la fin du jour civil, le nombre et la durée des heures. Longtemps on se régla sur le Soleil, et, suivant l'heure à laquelle il lui plaisait de se lever ou de se coucher, les jours commencèrent et finirent ou plus tôt ou plus tard ; comme aussi, selon les saisons et les mois, on eut des heures tantôt plus courtes et tantôt plus longues. On finit cependant par comprendre toute l'incommodité de semblables dispositions, et l'on se décida à fixer d'une manière invariable le commencement et la fin du jour, de minuit à minuit, divisé en 24 heures toujours égales de 60 minutes, et en minutes de 60 secondes.

*
* *

Ce n'est donc qu'après un nombre infini d'essais, de tâtonnements, d'expériences et de progrès successifs, qu'on est parvenu à régler la division du temps, et à coordonner ses diverses parties d'une manière un peu moins irrégulière et un peu plus conforme à la nature et à nos besoins. Aussi notre Calendrier, qui n'est autre que le Calendrier Julien, réformé en 1582 par Grégoire XIII, est-il en quelque sorte l'ouvrage de tous les siècles, le résumé de tous les travaux des astronomes anciens et modernes et des réformes des plus grands législateurs, et c'est à juste titre qu'il est devenu le Calendrier de presque tous les peuples civilisés. Mais quoique plus parfait que la plupart de ses devanciers, notre Calendrier laisse encore beaucoup à désirer, et il a besoin à son tour *d'une réforme qui le rende plus simple et plus régulier, plus utile et surtout moins incommode.*

§ 2. — DÉFAUT PRINCIPAL DE NOTRE CALENDRIER.

Parmi tous les défauts qu'on peut reprocher à notre Calendrier, peut-être même aux Calendriers de tous les peuples, il en est un surtout que je tiens à signaler, précisément parce que les auteurs, les écrivains, les publicistes qui, surtout au renouvellement de l'année, ne lui ménagent pas leurs critiques, semblent, à peu d'exceptions près, ne l'avoir pas remarqué, ou du moins n'ont pas dressé d'acte d'accusation contre lui ; et cependant c'est le reproche le plus juste et plus grave qu'on soit en droit de lui faire, et que nous formulons en ces termes : *avec le Calendrier actuel, les années se suivent et ne se ressemblent pas.*

En effet, le Calendrier de l'année qui commence est tout différent du Calendrier de l'année qui finit. Les 365 jours changeant chaque année de place, ne coïncident plus avec les mêmes jours de la semaine que les années précédentes. Ainsi le 1er janvier, qui était en 1884 un mardi, sera un jeudi en 1885, un vendredi en 1886, un samedi en 1887, etc., etc., et tous les autres jours de l'année jusqu'au 31 décembre subiront le même changement ; de sorte que l'on peut dire de notre Calendrier qu'il n'est constant que dans sa perpétuelle inconstance. C'est ce qui nous oblige à éditer chaque année un nouvel almanach, celui des années précédentes ne pouvant plus servir.

Or un tel désordre est évidemment contraire au but essentiel de tout Calendrier, aux principes qui doivent en régler toutes les dispositions. Il contrarie sans cesse nos habitudes par des vicissitudes et des changements continuels, il met la confusion dans toutes nos affaires, il nous empêche de régler avec ordre notre temps, nos occupations, nos relations sociales, et il brouille notre mémoire par de perpétuelles contradictions et de continuels anachronismes. Aussi, ce qu'on a toujours le plus admiré dans le Calendrier, si peu universel d'ailleurs et si impraticable, de la République française de 1793, c'est qu'il existait dans ce Calendrier une telle symétrie dans l'ensemble et le détail de ses dispositions, que toutes les années se ressemblaient, que tous les Calendriers étaient uniformes, et que les quantièmes des mois répondaient constamment aux mêmes jours de la décade. Et, à ce point de vue, tout le monde convient que le Calendrier républicain avait des avantages incontestables, résultant de son admirable régularité.

*
* *

La Réforme que nous proposons consiste donc

principalement à donner au Calendrier cette simplicité et surtout cette uniformité qui lui manquent. Et, pour cela, nous émettons le vœu que *toutes les années en se suivant se ressemblent*, autant que possible ; que le premier de l'an, par exemple, soit toujours un dimanche, le 2 un lundi, et ainsi de suite, jusqu'au 31 décembre, de telle sorte que *les 365 jours de l'année tombent invariablement aux mêmes jours* de la semaine que les années précédentes.

*
* *

Mais comment opérer cette Réforme ?

Pour cela, recherchons avant tout d'où vient le mal, quelle est la cause du défaut que nous avons signalé. Cette cause, la voici : si l'année n'avait que 364 jours, qui divisés par 7 font justement 52 semaines entières, toutes les années se renouvelleraient sans cesse avec une parfaite uniformité. Mais elle en a 365 un quart.

Or c'est précisément ce 365e jour qui fait toute la difficulté, c'est lui qui dérange toute l'harmonie qui existerait avec les 364 jours, c'est lui qui empêche l'uniformité si désirable dans la succession des années, c'est lui qui, faisant reculer d'un rang le premier jour de chaque nouvelle année, fait aussi forcément reculer et changer de place tous les autres jours et perpétue ainsi le désordre.

*
* *

Que faire alors de ce 365e jour ? Je ne suis ni Josué pour arrêter le Soleil à la fin du 364e jour, et lui faire commencer de suite une nouvelle année ; ni Apollon pour retenir mes coursiers ; et il me faut nécessairement accepter les lois de la nature qui donnent à l'année 365 jours. Or, si je conserve ce 365e jour tel qu'il est dans notre Calendrier, il continuera à être toujours une cause d'embarras et de perturbation ; si je le supprime absolument, cette suppression d'un jour, chaque année dérangera vite l'harmonie qui doit régner, au moins dans une certaine mesure, entre l'année civile et les mouvements célestes.

*
* *

Le problème paraît d'abord difficile, nous dirions presque impossible à résoudre. Cependant la solution est peut-être plus simple qu'on ne le supposerait d'abord. Ne pourrait-on pas, en effet, en conservant le 365e jour, l'empêcher d'être une cause de désordre et de perturbation ? Pour cela il suffirait, à l'exemple des anciens Égyptiens, *de faire du 365e jour un jour complémentaire* qui ne dérangerait rien à l'ordre des jours de l'année suivante. Ou bien, si l'on répugnait à admettre un jour complémentaire qui semblerait briser la chaîne des périodes sacrées de sept jours, on pourrait chaque année *réserver* le 365e jour et également le 365e des années bissextiles, pour en faire, à des époques fixées d'avance par les astronomes, une semaine entière complémentaire.

§ 3. — AVANTAGES DE LA RÉFORME PROPOSÉE

Avec ces dispositions constantes, invariables, nous aurions enfin un *Calendrier* réellement *perpétuel*, immuable ; on n'aurait plus besoin d'en changer à chaque nouvelle année, et le même calendrier nous servirait indéfiniment pendant tout le cours de notre existence, depuis la naissance jusqu'à la mort, absolument comme la même montre qui nous sert tous les jours de notre vie et qui continue à servir à nos descendants, de telle sorte que, tandis que nous n'avons et ne pouvons avoir que des Calendriers de carton, on pourrait graver le nouveau Calendrier perpétuel sur le marbre, le bronze, l'or, l'argent ou l'ivoire, et qu'on le placerait sur la façade de tous les monuments publics, parce que, dans mille ans et au delà, ce serait toujours le même.

* * *

Cette réforme serait d'autant plus facilement acceptée par tout le monde, que, contrairement à presque toutes les réformes, elle ne contrarierait en rien les usages anciens, la routine, les vieilles habitudes ; qu'on s'apercevrait même à peine de ce changement, parce qu'il serait en effet moins un changement que la fin de tous ces changements que l'on est maintenant obligé de subir à chaque nouvelle année ; d'ailleurs, on en comprendrait tout de suite l'utilité réelle et tous les avantages, en même temps que sa rare simplicité. Dégagé en effet de tous les embarras et des imperfections du Calendrier actuel, le nouveau Calendrier répondrait à ce besoin que l'on éprouve aujourd'hui plus que jamais d'ordre, d'économie et de fixité dans la disposition de son temps.

*
* *

Avec le nouveau Calendrier, chacun pourrait d'avance, et pour une longue suite d'années, régler l'emploi de son temps d'une manière tout à fait constante, uniforme et régulière, et par conséquent plus utile.

Cet immense avantage serait surtout apprécié : 1° Dans les administrations publiques et particulières où l'on est obligé de régler à nouveau chaque année une foule de dispositions, et pour ainsi dire au jour le jour, parce que les perpétuelles variations du Calendrier ne permettent pas de les régler d'avance et pour toujours ; 2° Dans les collèges, les écoles, dans les établissements d'instruction publique où l'ordre serait si nécessaire et où les hommes les plus prévoyants s'aperçoivent toujours que, par la faute du Calendrier, ils ont encore oublié de prévoir et de régler bien des choses ; 3° Dans l'industrie, dans les affaires commerciales, dans la comptabilité et le règlement des journées de travail, etc. ; 4° Dans les chemins de fer, pour l'état comparatif de la recette des semaines que l'on appelle semaines correspondantes, mais qui réellement correspondent si mal par le fait du Calendrier ; 5° Il en serait de même pour le règlement si important des jours de foire et de marché : tandis qu'aujourd'hui, soit que l'on fixe un jour déterminé de la semaine, soit que l'on se règle sur un quantième du mois, les oscillations du Calendrier font surgir une foule d'obstacles qui viennent tout contrarier et forcent à ajourner, à anticiper ou à omettre entièrement ce que l'on voulait ; sans parler d'ailleurs des calculs et des supputations que l'on est obligé de faire sans cesse et qui causent une multitude d'erreurs et d'oublis ; 6° Enfin, dans un nombre infini de circonstances où l'on se trouve journellement contrarié par le défaut de concordance d'une année à une autre, entre les quantièmes des mois et les jours de la semaine ; 7° N'oublions pas les associations qui doivent tenir leurs assemblées à des époques régulières et qui pourraient alors choisir des jours, des époques invariables; 8° Il en serait de même des familles qui aiment à se réunir à des jours fixés et déterminés d'avance ; 9° Et pour les anniversaires, pour le culte des souvenirs, que l'on aimerait, en les célébrant au quantième du mois où sont arrivés les événements, les célébrer aussi au même jour de la semaine ; or, avec le Calendrier actuel, cette heureuse coïncidence ne se rencontre presque jamais ; on pourrait en citer bien des exemples, qui d'ailleurs se renouvellent des millions de fois chaque année pour des millions de personnes ; 10° Cette réforme faciliterait aussi l'enseignement de l'histoire en donnant aux éphémérides, pour des événements publics ou de famille, un cachet d'exactitude chronologique qui leur a manqué jusqu'ici, et en laisant disparaître l'anachronisme pratique que l'on commet malgré soi, en rappelant par exemple un lundi un événement qui a eu lieu un autre jour de la semaine ; 11° Ajoutons en terminant que les religions et cultes divers, dont l'inconstance du Calendrier bouleverse chaque année les fêtes et les cérémonies, y gagneraient sous tous les rapports.

*
* *

Les avantages de la Réforme proposée sont trop évidents, trop incontestables pour qu'il soit nécessaire d'entrer dans de plus longs détails. Nous laissons donc à la science, à l'histoire, à la religion, à l'agriculture, à l'industrie, au commerce et aux arts, pour qui le temps est toujours et partout un élément nécessaire, le soin d'en proclamer les bienfaits.

*
* *

On se demandera sans doute comment on a pu attendre jusqu'à ce jour pour opérer une réforme qui paraît si simple et si utile. Ce fait seul établirait un préjugé défavorable au projet, et nous devions chercher à nous en rendre compte. Or, sans nous arrêter ici à ces raisons générales que les progrès sont toujours lents en presque toutes choses, que les réformes précisément les plus simples et les plus utiles sont celles qui se font ordinairement attendre le plus ; enfin, que les siècles passés, en s'écoulant et payant successivement leur tribut au progrès, semblent toujours vouloir laisser quelque chose à faire aux siècles à venir ; sans nous arrêter à ces considérations générales, il nous semble, l'histoire à la main, que depuis longtemps on avait presque oublié le but principal du Calendrier ; on ne pensait qu'à le mettre en parfait accord avec l'année solaire, et lorsque Grégoire XIII eut accompli ce vœu de la science, on crut que tout était fini, et qu'après cette réforme il n'y avait désormais plus rien à réformer ; aussi, depuis cette époque, la plupart des auteurs se contentent de signaler, en passant, les défauts du Calendrier grégorien, mais sans en provoquer la réforme, et les législateurs ne paraissent pas non plus s'en être sérieusement occupés. Exceptons cependant la *Convention* (France, 1793), qui comprit le besoin d'un nouvel annuaire. Malheureusement, à quelques dispositions sages et utiles, elle en mêla d'autres absurdes, et le Calendrier républicain n'eut que quelques années d'existence.

Tel est le *projet* de Réforme du Calendrier que je proposai en novembrs 1884. Son origine et son histoire sont assez curieuses.

Un jour, je reçus la visite d'un vénérable ecclésiastique, l'abbé Croze, aumônier de la prison de La Roquette, celui-là même qui accompagnait à l'échafaud les condamnés à mort. Il m'exposa qu'après avoir consulté Rome et l'Institut, il venait me demander mon opinion sur la valeur du calendrier grégorien et sur les réformes qui pourraient lui être apportées.

En même temps, il déposait sur ma table cinq billets de mille francs « reçus d'un anonyme » pour préparer cette réforme, et en assurer l'exécution si c'était possible.

Je refusai d'accepter ce dépôt et cet engagement moral, en rappelant au digne prêtre combien l'humanité est illogique d'une part, combien, d'autre part, les gouvernants, les hommes chargés de diriger les affaires, sont, en général, personnels et égoïstes, et lui montrant que, si le progrès avance un peu tout de même, c'est qu'il y a là une loi providentielle et non un dévouement de la part des dirigeants.

Il me répliqua qu'au fond il pensait comme

moi, mais qu'il ne pouvait garder le dépôt qu'on lui avait confié, que son âge lui commandait de s'en dessaisir, et que moi seul étais en situation de le recevoir.

A sa troisième ou sa quatrième visite, je finis par accepter et, sous ses yeux, plaçai les cinq billets dans un tiroir de mon bureau. Je lui offris un reçu. — « Pour qui me prenez-vous ? fit-il. Nous ne sommes ni l'un ni l'autre gens d'affaires. »

Le soir du même jour, je partais pour Nice. Pendant mon absence, un voleur s'introduisit dans mon appartement, cambriola tous les meubles, fit main basse sur tout ce qu'il put trouver et disparut. Les journaux de l'époque ont longuement raconté cet incident.

A mon retour de Nice, je trouvai mon appartement dévalisé. Un grand nombre d'objets de valeur, argenterie, bijoux, monnaies, médailles, décorations, etc., avaient pris le chemin du voleur. Mais, par une sorte d'intuition fort heureuse, ma femme avait eu la précaution, avant notre départ, d'enlever de mon bureau les valeurs financières qui s'y trouvaient, y compris les cinq billets de l'abbé Croze, et de les placer dans une sorte de placard qui resta inaperçu du malfaiteur.

Le lendemain de mon arrivée, dès le matin (je le vois encore) le vénérable abbé accourt, tout résigné.

— Eh bien ! dit-il, avant toute parole, Dieu ne le veut pas ! Gardons le calendrier du pape Grégoire.

— Pourquoi ? répliquai-je.

— Votre bureau en fait foi !

En effet, tous les tiroirs et une partie de leur contenu, des quantités de papiers, étaient encore gisants sur le sol.

— Ah ! fit-il, les journaux sont parfois bien renseignés. Et il me tendit cinq ou six feuilles racontant les exploits du cambrioleur et les investigations de la police, des concierges, des locataires voisins, de notre ami le propriétaire. C'était une violation de domicile qui paraissait non seulement toute naturelle, mais même dictée par les sentiments de la plus vive sympathie à notre égard.

J'allai chercher une petite cassette dans laquelle étaient certains papiers, et, tout au-dessus, les cinq billets de mille francs. — Voleur volé ! m'écriai-je. Mais ils ont couru grand risque.

— Non, fit-il. Ce ne sont pas ces billets-là. Je

vous ai vu les placer vous-même dans votre bureau, dans ce tiroir qui est là à terre, tout démoli. Vous voulez appliquer ceux-ci à notre projet. Mais ceux que je vous ai remis sont bien volés. Pourquoi voulez-vous me faire croire que le voleur les aurait laissés ?

Je lui expliquai alors la précaution prise par ma femme, qu'il fut bien forcé de reconnaître lorsque, confirmant mes paroles, elle la lui raconta elle-même. Et voilà comment le prix de la Réforme du Calendrier put être proposé.

L'avis suivant fut publié dans *l'Astronomie* de décembre 1884 :

Réforme du Calendrier. — Nous avons déjà reçu plusieurs mémoires en réponse à l'appel fait aux savants dans la *Revue* du 1er septembre. Il nous semble préférable de ne les point publier, afin de laisser toute indépendance à chaque auteur ainsi qu'aux mémoires futurs. Mais ils sont classés, chacun à sa date, et seront remis ensemble, le 1er octobre 1885, au Comité chargé de juger ces travaux et de décerner le prix de **cinq mille francs**. — L'exposé publié dans notre numéro de novembre ne concourt point pour le prix. Il va sans dire que le Directeur de la Revue, ayant accepté de recevoir les Mémoires, est également en dehors du Concours.

Dans le cours de l'année 1885, nous eûmes souvent, l'abbé Croze et moi, de longues conversations sur les points de réforme exposés dans l'article précédent, et notamment en compagnie de M. Jules Bonjean, docteur en droit, avocat à la Cour d'appel, fils du regretté président Bonjean, fusillé comme otage pendant la Commune. D'un commun accord, nous publiâmes le complément suivant dans *l'Astronomie* du mois d'août 1885 :

« Le nouveau Calendrier dont nous proposons l'adoption l'emporterait sur le Calendrier grégorien par les qualités suivantes : *concordance perpétuelle des jours de l'année avec les jours de la semaine ;* égalité et régularité aussi grandes que possible des mois ; absence de toute singularité injustifiable autrement que par l'esprit de routine. — De plus, il offrirait cet immense avantage de respecter presque absolument les habitudes invétérées de la population ; de telle façon que la réforme ne jetterait aucun trouble dans le cours ordinaire des choses de la vie usuelle, et réaliserait des améliorations considérables, tout en passant pour ainsi dire inaperçue. »

Le concours fut prorogé jusqu'au 31 décembre 1885.

Je priai M. Maurice Fouché, secrétaire de la rédaction de *l'Astronomie*, de vouloir bien faire un classement des nombreux Mémoires (plus de cinquante et en diverses langues), envoyés de toutes les parties du monde, puis de rédiger un Rapport détaillé sur le sujet. Ce Rapport, d'une haute valeur scientifique et historique, fut publié dans *l'Astronomie* des mois de juin, juillet, août et septembre 1887.

Sur ces entrefaites, la Société Astronomique de France avait été fondée (janvier 1887) et je lui avais transmis le dépôt des cinq mille francs. Les prix furent décernés par le Bureau de la Société, composé de MM. Flammarion, président ; Paul Henry, Prosper Henry, astronomes de l'Observatoire de Paris, Trouvelot, astronome de l'Observatoire de Meudon, général Parmentier, vice-présidents ; Maurice Fouché, secrétaire ; A. Gunziger, secrétaire-adjoint, et distribués ainsi qu'il suit (séance du 14 décembre 1897) :

1° Un prix de 1500 francs à M. Gaston Armelin, de Paris, auteur du projet inscrit sous le n° 39.

2° Un prix de 1200 francs à M. Hanin, Ingénieur des arts et manufactures à Auxerre, auteur du projet n° 24.

3° Un prix de 1000 francs à M. Francis de Rancy, de Compiègne, autour du projet n° 1.

4° Un prix de 800 francs à M. H. Barnout, de Paris, auteur du projet n° 19.

5° Un prix de 250 francs à M. Remy Thouvenin, de Nancy, auteur du projet n° 25.

6° Un prix de 250 francs à M. Blot, de Clermont (Oise), auteur du projet n° 6.

En résumé, voici la réforme que j'avais proposée :

1° Toutes les années doivent être identiques l'une à l'autre, composées de 52 semaines de 7 jours, c'est-à-dire de 364 jours, plus un jour de fête, un « jour de l'an » ne comptant pas, et deux lors des années bissextiles (p. 80).

2° Le premier janvier arrivera le même jour de la semaine pour toutes les années (p. 78).

3° Comme conséquence, tous les jours de toutes les années resteront les mêmes indéfiniment, coïncidant toujours avec les mêmes jours de la semaine (p. 81).

4° La durée des mois devra être régularisée en un meilleur équilibre (p. 73).

C'est cette disposition que M. Armelin a adoptée et réalisée dans sa rédaction, et nous lui avons attribué le premier prix. Voici ce calendrier.

I. — LE JOUR DE L'AN

Premiers mois de chaque trimestre.	Deuxièmes mois de chaque trimestre.	Troisièmes mois de chaque trimestre,
JANVIER. AVRIL. JUILLET. OCTOBRE.	FÉVRIER. MAI. AOUT. NOVEMBRE.	MARS. JUIN. SEPTEMBRE. DÉCEMBRE.
1 Lundi	1 Jeudi.	1 Samedi.
2 Mardi.	2 Vendredi.	2 Dimanche.
3 Mercredi.	3 Samedi.	3 Lundi.
4 Jeudi.	4 Dimanche.	4 Mardi.
5 Vendredi.	5 Lundi.	5 Mercredi.
6 Samedi.	6 Mardi.	6 Jeudi.
7 Dimanche.	7 Mercredi.	7 Vendredi.
8 Lundi.	8 Jeudi.	8 Samedi.
9 Mardi	9 Vendredi.	9 Dimanche.
10 Mercredi.	10 Samedi.	10 Lundi.
11 Jeudi.	11 Dimanche.	11 Mardi.
12 Vendredi.	12 Lundi.	12 Mercredi.
13 Samedi.	13 Mardi.	13 Jeudi.
14 Dimanche.	14 Mercredi.	14 Vendredi.
15 Lundi.	15 Jeudi.	15 Samedi.
16 Mardi.	16 Vendredi.	16 Dimanche
17 Mercredi.	17 Samedi	17 Lundi
18 Jeudi.	18 Dimanche.	18 Mardi.
19 Vendredi.	19 Lundi.	19 Mercredi
20 Samedi.	20 Mardi.	20 Jeudi.
21 Dimanche.	21 Mercredi.	21 Vendredi.
22 Lundi.	22 Jeudi.	22 Samedi
23 Mardi.	23 Vendredi.	23 Dimanche.
24 Mercredi.	24 Samedi.	24 Lundi.
25 Jeudi.	25 Dimanche.	25 Mardi.
26 Vendredi.	26 Lundi.	26 Mercredi.
27 Samedi.	27 Mardi.	27 Jeudi.
28 Dimanche.	28 Mercredi.	28 Vendredi.
29 Lundi.	29 Jeudi.	29 Samedi.
30 Mardi.	30 Vendredi.	30 Dimanche.
31 Mercredi.		

Tous les quatre ans un jour bissextile après le 30 Décembre.

Ce calendrier exécutait notre programme.

Les mêmes dates tombent tous les ans aux mêmes jours de la semaine. Toutes les années se ressemblent.

Le même trimestre se répète indéfiniment, toujours semblable.

Trois jours seulement, le lundi, le jeudi et le samedi, peuvent commencer les mois, et cela dans un ordre régulier et constant.

Les mois de 31 et de 30 jours reviennent également dans un ordre régulier et constant.

Connaissant le rang d'un mois donné, dans le trimestre, on saura toujours le nombre de jours qu'il doit avoir et par quel jour il commence, et par suite tout le mois est connu.

Le mois de 28 jours est supprimé.

Le 1er ni le 15 d'aucun mois ne tombent jamais un dimanche.

La semaine cadre avec le trimestre.

Telle est la *réforme* du Calendrier que j'ai proposée en 1887 à la Société Astronomique de France et fait adopter par cette association scientifique, après avoir ouvert le concours dont il vient d'être question et avoir couronné le projet conforme aux bases considérées comme indispensables pour cette réforme : le retour perpétuel des mêmes dates aux mêmes jours de la semaine, obtenu en faisant du 365e jour un jour complémentaire isolé ; l'unification des années et la simplification aussi grande que possible du calendrier lui-même.

J'exprimai en même temps le vœu que les pouvoirs publics, comprenant les avantages de cette simplification, préparassent pour le renouvellement du siècle, pour le 1er janvier 1901, l'adoption de cette réforme, et pour qu'à la même date la Russie et les pays soumis à la religion dite orthodoxe remplaçassent leur Calendrier julien, déjà en retard de douze jours sur la nature, par le nouveau Calendrier. On avait douze ans devant soi. Je fis remarquer qu'il n'y avait pas lieu de s'attarder à la minuscule différence d'un jour en trois mille ans qui subsiste entre le nombre grégorien et la translation précise de la Terre autour du Soleil, cette différence étant pratiquement négligeable et pouvant être facilement corrigée d'ici à trois mille ans.

J'avais espéré que, dans le sein de la Chambre des députés ou du Sénat, un citoyen ami du progrès et dévoué à sa cause se serait consacré à cet intéressant sujet de la simplification du Calendrier et aurait abouti à un projet de loi, comme M. Alfred Naquet, par exemple, a réussi à le faire pour le divorce, non sans une longue persévérance et un sérieux travail. J'avoue que je ne me suis pas occupé moi-même de la mise en pratique et que je n'ai pas cherché le député ou le sénateur en situation d'agir. Un ministre de l'Instruction publique indépendant, associé à un ministre des Affaires étrangères éclairé, aurait pu en prendre l'initiative. Personne ne l'a fait, et le projet en est resté là, à la théorie.

Et le vingtième siècle est arrivé, sans aucun perfectionnement, même en Russie, où le calendrier est depuis le 1er — 13 mars 1900 en retard de treize jours avec la nature.

Ce serait cependant là une réforme bien simple à faire. Elle ne serait pas complète, parfaite, absolue, mais provisoire (comme la grégorienne) pour un certain nombre d'années ou de siècles, en attendant le calendrier définitif, logique et rationnel à établir en fixant le commencement de l'année à l'équinoxe de printemps boréal (majorité de l'habitation du genre humain), en changeant les noms des mois, en supprimant les saints quotidiens, etc., etc. Mais ceci ne pourra se faire que par un accord audacieux et formidable de tous les gouvernements, ou peut-être seulement lors d'une révolution politique universelle... et ce n'est pas pour demain.

Le progrès est lent dans l'humanité !

LE TOURNANT DU SIÈCLE

Les études qui précèdent ont été publiées en partie dans *l'Astronomie*, en partie dans le « Bulletin de la Société Astronomique de France », qui a succédé à cette Revue, et je venais de les réunir en ce petit volume pour les amis de la science qui tiennent à les conserver, lorsque le charmant article qui suit fut publié (le 1er janvier 1901) dans la *Revue idéaliste*. Je le donne ici avec toute sa couleur littéraire et artistique, comme un élégant et printanier rayon de soleil.

Lettre ouverte à M. Camille Flammarion.

Me pardonnerez-vous, monsieur, de mettre en suscription de cette lettre votre nom illustre? Tout semble nous séparer ; vous êtes un grand savant, je suis un très humble littérateur ; vous êtes astronome, et le plus souvent en voyage à travers les mondes supra-terrestres, je suis rivé à celui-ci par mes travaux, ma profession, sinon par mes goûts; enfin, vous avez la célébrité, j'ai l'obscurité, et, pour prendre votre langage, vous êtes un astre de première grandeur, et je suis une étoile innommée parce qu'invisible. Mais la petite étoile fait tout de même partie du grand Tout. Elle est dans l'ordre, elle est dans le rang. Elle a sa place dans le système harmonieux, elle a son rôle dans le chœur éternel, elle a sa note dans le concert universel : *Cœli enarrant gloriam Dei.* L'un et l'autre, l'astre et l'étoile, racontent la gloire de Dieu, dissemblables par leur éclat, pareils par leur finalité ; et parfois, dans la mélodie des nuits, la Grande-Ourse, tout en continuant de rouler son chariot aux sept clous d'or et de jouer sur la lyre aux sept cordes, écoute avec sympathie le murmure fraternel d'une nébuleuse inconnue.

Vous écouterez donc ma voix infime, monsieur, puisque, malgré tout, nous jouons l'un et l'autre dans la même partition ; puisque, malgré les différences qui sont entre nous, nous sommes deux acteurs aux ordres du même poète initial, en vue d'un même poème final ; puisque, séparés par nos routes, nous venons du même point de départ et allons au même point d'arrivée ; puisque, si distants que nous puissions être par nos situations, nous sommes rapprochés par notre origine, par notre fin, et je crois même par de réciproques inclinations. Savant, vous cultivez aussi les lettres ; littérateur, je ne cultive pas la science, mais je l'honore. Vous habitez le calcul, mais vous aimez à faire des excursions dans le rêve. — J'ai lu vos *Rêves étoilés* — des excursions si splendides et si fantaisistes que l'Académie des Sciences a presque crié à la désertion, et que l'Académie française vous a donné des couronnes, en attendant des suffrages. J'habite les humanités, et je désirerais vivement pénétrer dans les sanctuaires de la science ; mais, profane, je ne puis. Je les vénère tout au moins, je les révère, je les aime, et plus d'une fois j'ai souffert de les entendre railler par mes confrères en littérature ; et tout cet été, je ne suis jamais allé au Champ-de-Mars, devenu par le travail et le génie un champ de la Paix, sans me sentir un peu plus modeste, en face de la Science toujours plus glorieuse, toujours plus souveraine, toujours plus sagace à déchiffrer l'alphabet de Dieu. Lancez, mandarins mes frères, lancez contre elle vos ironies et vos fusées : ses triomphes lumineux sont dans le dessein du Maître beaucoup plus que vos jeux d'esprit et vos feux d'artifice.

L'inconnu vous est donc un ami, monsieur, un ami tout pénétré d'ardente admiration pour la « nouvelle idole » qui, d'ailleurs, n'est pas idole, mais déesse, ou plutôt, même si elle n'y songe pas, servante et ouvrière de Dieu. Notre culte commun pour elle doit provoquer en nous des pensées ou des utopies communes, et c'est ce qui me donne l'audace de vous poser une question. — Sur quoi ? me direz-vous. — Sur la réforme... — De la société ? — Non, c'est une trop grave et trop grosse entreprise. — De l'orthographe ? — Pas même. — De la Constitution ? — Moins encore ; mais du calendrier, tout simplement.

D'abord, cette réforme serait d'actualité, puisque nous allons, paraît-il, passer d'un siècle à l'autre. Quelle est vraiment la première année dn vingtième siècle ? Est-ce 1900 ou 1901 ? On pourrait avoir des doutes, j'en avais pour ma part. Mais vous-même, dans une communication aux journaux, avez enseigné ou décidé que le vingtième siècle commençait avec l'aurore du 1er janvier 1901. Je me suis incliné. Mais puisque nous allons franchir une limite solennelle, et faire un pas de plus sur la route infinie du temps, c'est le moment de discuter sur les étapes de cette route, et de chercher si elle ne pourrait pas être jalonnée avec plus de clarté et d'harmonie.

Puis, elle est importante, cette réforme, plus qu'on ne croit. Ne pensez-vous pas, en effet, que tout dépend de tout, qu'il y a des rapports mystérieux, mais certains, entre le monde moral et le monde physique, que le désordre ne devrait pas être dans nos cités tandis que l'ordre est sur nos têtes, que les sociétés elles-mêmes marcheraient mieux, si elles marchaient à l'unisson de l'univers, que notre France en particulier serait peut-être moins fiévreuse, si, dans ses computations d'années et de mois, elle tenait un peu plus compte de sa place sous le soleil, et qu'enfin nous serions peut-être plus près de nous entendre entre hommes, si les hommes s'entendaient avec le reste du monde ?

Or, je vous le demande, faire commencer l'année au 1er janvier, alors que rien ne recommence et ne revit dans la nature autour de nous, n'est-ce pas une anomalie ? Fêter l'aurore d'un nouvel an dans la brume et la boue, n'est-ce pas une ironie ? Triste décor pour le nouveau-né ! Et la froidure même de l'atmosphère ne semble-t-elle pas glacer tous nos souhaits mutuels de bonheur ? Qu'il serait doux au contraire — et doux parce que juste — de saluer le renouveau de l'année humaine avec le renouveau de l'année végétale, et d'enguirlander les bonbons des petits enfants dans les premières fleurs du printemps ! Ainsi, les hommes correspondraient mieux avec les choses, les cœurs communieraient avec la nature, et, se sentant d'accord avec la mère universelle, ils se sentiraient par suite plus fraternels entre eux, et c'est ainsi que la réforme du calendrier serait tout de même une façon de réformer la société.

— Mais, me direz-vous, de quel droit, moi simple citoyen français, puis-je imposer un changement d'almanach non seulement à mon pays, mais à tous les pays de l'hémisphère boréal ; car toute innovation n'est possible sur ce point qu'à la condition d'être internationale ? — De quel droit ? — Du droit que la question relevant de la

Science, la décision appartient aux chefs de la Science, et non à tout autre chef. Jules César fit le calendrier julien en tant qu'augure ; le pape Grégoire XIII fit le calendrier grégorien en tant que pontife ; or, les savants ne sont-ils pas, monsieur, les augures et les pontifes des temps nouveaux ? Quelques-uns même ont abusé de leur sacerdoce, je vous demande simplement d'en user.

Il faudrait, sans doute, contraindre l'opinion à cette réforme ; mais ne fallut-il pas la contraindre à celle du Système métrique ? Contre lui, le Système métrique avait tous les préjugés et toutes les routines : il a triomphé pourtant, parce qu'avec lui mourait l'incohérence et vivait la règle.

Et on ne l'inventerait pas cette règle, on la retrouverait ; car, chez les anciens, qui, étant plus près de la nature, ne la trahissaient pas encore, le mois de janvier n'était pas le premier mois de l'année, mais l'avant-dernier, et le mois de décembre, loin d'être le douzième, était le dixième, comme son nom l'indique encore. C'est qu'en effet, au lieu d'emprunter aux anciens l'ordre, nous leur avons pris des noms qui ne correspondent plus aux choses, c'est-à-dire le désordre. Nous appelons septembre, octobre, novembre, décembre, des mois qui par leur rang dans l'année ne répondent plus aux chiffres sept, huit, neuf, dix, de telle sorte que notre calendrier n'est pas logique ; nous célébrons par les noms d'août, de juillet et de juin, des héros romains et non français, de telle sorte qu'il n'est pas national ; nous honorons, pour les mois de mai, de mars et de janvier, des dieux païens, de telle sorte qu'il n'est pas chrétien, et je ne sache pas que dans le mois de février il y ait plus de fièvre en France que dans les autres mois, de telle sorte que ce calendrier n'est pas plus vrai au point de vue médical qu'à tous les autres points de vue. Il a donc tous les défauts et pas une qualité. C'est à dégoûter de s'en servir. Et je comprends très bien la boutade des paresseux : « Avec un calendrier pareil, on ne peut pas travailler. »

Et pourtant, nous en avions un autre, aussi logique qu'harmonieux, legs de la Révolution. Mais tandis que nous avons gardé jalousement ce qu'elle avait fait de mal — l'héritage ici est comme l'emprunt de plus haut — nous avons renié volontiers ce qu'elle avait fait de bien. Elle était si heureuse, cette distribution des mois trois par trois, et si poétique l'appellation de chacun d'eux. Germinal, Floréal, Prairial, — Messidor, Thermidor, Fructidor, — Vendémiaire, Brumaire, Frimaire, — Nivôse, Pluviôse, Ventôse. Ce calendrier, ainsi partagé en quatre groupes symétriques, faisait vaguement songer à la *Cène* de Léonard de Vinci, d'autant plus que les douze mois, avec leurs noms sonores et mélodieux, ressemblaient à douze apôtres, à douze messagers de la bonne nouvelle. Et baptisés par un poète — Fabre d'Églantine — ils étaient tout de suite compris par le peuple, par tous les paysans de France, leur rappelant, par la succession des syllabes et même des rimes, la succession des travaux, des récoltes et des saisons. Et c'était un Zodiaque aussi populaire que poétique. Et sans doute on n'y eût pas renoncé, s'il n'eût été accompagné dans l'application d'un bouleversement dans la façon de compter les jours, chaque mois comménçant au 22 et non au 1er et les mois anciens chevauchant ainsi sur les mois modernes. Mais, sans reprendre le « bouleversement », on pourrait fort bien reprendre le « Zodiaque. »

Autrement dit, et pour me résumer, le projet

de reforme du calendrier que je vous soumets timidement, mais que vous, monsieur, avec toute votre autorité, vous proposeriez hautement, comprendrait deux parties :

Premièrement : L'année s'ouvrirait non en hiver, mais au printemps, et le Jour de l'An serait désormais non le 1er janvier, mais le 1er Germinal, anciennement 1er avril.

Deuxièmement : Serait remis en usage le calendrier national républicain.

Et comme les réformes souhaitables doivent être appliquées le plus vite possible, on appliquerait la nôtre dès le 1er Germinal prochain, qui serait ainsi le premier jour du vingtième siècle. Mais que ferait-on de janvier, février, mars 1901, de ces trois mois de déchet qui ne seraient ni du dix-neuvième ni du vingtième ? De ces trois mois singuliers on tâcherait de faire trois mois de concorde, ne fût-ce que pour prouver leur singularité même. Trois mois de trêve au seuil d'un siècle nouveau, serait-ce trop ? Faire la paix entre les hommes tandis qu'on ferait l'accord entre l'homme et la nature : quel rêve !

La Terre, petite planète, n'est pas ceinturée d'un anneau d'or comme le puissant Saturne :

mais donnons lui une ceinture d'amour et d'harmonie.

ÉMILE TROLLIET,
Rédacteur en chef de la Revue Idéaliste.

Réponse à M. Émile Trolliet.

Paris, janvier 1901.

Votre judicieuse et élégante proposition, monsieur, réveille en mon esprit et presque dans mon cœur l'une des préoccupations scientifiques qui m'ont le plus souvent agité et dont je souhaiterais le plus voir une réalisation prochaine, et elle m'est arrivée dans le mois des étrennes, comme un cornet de bonbons ou un bouquet parfumé tout enguirlandé de jolis rubans, que j'ai pieusement déposé sur l'autel de l'Année, féminine personnification du Temps, toujours jeune, parce que se renouvelant toujours, et dont je suis enchanté de m'occuper un instant, en votre érudite compagnie. Depuis longtemps, j'ai, moi aussi, déploré les imperfections du calendrier, et proposé même une réforme, qui n'est pas tout à fait semblable à la vôtre.

Votre premier grief est que l'année s'ouvre en hiver et non au printemps. Pourquoi, en effet, a-t-on choisi pour les réjouissances du jour de l'An, pour le renouvellement des dates, l'époque la plus maussade et la plus désagréable de l'année tout entière, celle des jours les plus courts et les plus sombres, des brumes, des froids et des neiges ? Le premier jour du mois de janvier a-t-il quelque valeur astronomique ?

Cette question a déjà fait couler beaucoup d'encre. Si nous ouvrons, par exemple, le rapport de Fabre d'Églantine à la Convention sur l'établissement du calendrier républicain nous y lisons ce paragraphe, dépourvu de tout artifice :

« La France, jusqu'en 1564, a commencé l'année à Pâques. Un roi imbécile et féroce, le même qui ordonna le massacre de la Saint-Barthélemy, Charles IX, fixa le commencement de l'année au 1er janvier, sans autre motif que de suivre l'exemple qui lui était donné. Cette époque ne s'accorde ni avec les saisons, ni avec les signes, ni avec l'histoire du temps. »

Charles IX n'est pas responsable de cette ordonnance. Je ne dis pas que l'approbateur des massacres qui ensanglantèrent son règne n'ait pas été « imbécile et féroce ; » mais, né le 27 juin 1550, il n'avait que treize ans en 1563 lorsqu'il signa l'édit préparé par le chancelier de l'Hospital, fixant le commencement de l'année 1564 au 1er janvier suivant et, à cet âge, en tutelle, comme il l'était, sous la férule de sa mère Catherine de Médicis, il n'est point l'auteur d'un changement de date rendu d'ailleurs presque indispensable par l'accord des autres pays qui, tels que l'Italie et l'Allemagne, commençaient l'année au 1er janvier. Plusieurs années auparavant, Raoul Spifame avait proposé cette réforme. Alors, en France, l'année commençait à Pâques, date qui varie, comme on sait, du 22 mars au 25 avril, et l'on ne savait que difficilement à quelle année appartenait un événement arrivé entre ces deux dates. Et quand nous disons « en France », la date n'était même pas applicable à tout notre pays, puisqu'en Aquitaine, par exemple, l'année commençait à l'Annonciation, le 25 mars.

Le 1er janvier est une date fort ancienne pour l'origine de l'année, car elle remonte aux Romains. Les calendes de janvier, c'est-à-dire le

1er janvier, étaient regardées comme les auspices de l'année entière. C'était le jour du renouvellement des consuls, des visites, des souhaits et des étrennes. Il suffit de parcourir les œuvres d'Ovide, de Martial, de Tite-Live, de Suétone, de Dion Cassius, de Pline, pour retrouver à cette date tous nos usages actuels.

Ce sont donc les Romains qui en sont responsables, et peut-être est-ce Numa Pompilius lui-même, le premier réformateur du calendrier, qui porta l'année de dix mois à douze. Si c'est lui, il n'a pas dû subir là l'influence de la nymphe Égérie.

Remarquons toutefois que pour le climat de Rome, le 1er janvier n'est pas une époque aussi absurde que chez nous, car frimaire et nivôse n'y exercent pas leurs rigueurs.

Il n'en est pas moins vrai que cette époque est déplorable, n'a rien de rationnel, et reste sans valeur astronomique. Au point de vue des saisons, c'est-à-dire de l'année vitale de notre planète, quatre positions de l'orbite terrestre peuvent être prises en considération : les deux équinoxes et les deux solstices. De ces quatre positions, celle de l'équinoxe de printemps pour notre hémisphère se présente comme tout indiquée par la nature pour l'ouverture de l'année, la grande majorité de l'humanité occupant l'hémisphère boréal, et les habitants de l'hémisphère austral ne dépassant guère les tropiques (la Patagonie et la Nouvelle-Zélande seraient presque seules en droit de réclamer sérieusement pour le renversement des saisons). Si donc on voulait un jour tenter une réforme définitive du calendrier, il me semble que le 21 mars devrait être logiquement choisi pour le premier jour de l'année.

Il faudrait ensuite constituer des mois consécutifs de 31, 30 et 30 jours, se succédant par trimestres égaux. On formerait ainsi une succession régulière de 364 jours. Le 365e, le 20 mars, serait un jour de fête, « le jour de l'an. » Tous les quatre ans, on en aurait deux.

Par cette combinaison, toutes les années commenceraient le 21 mars, un lundi par exemple (il suffirait de choisir pour origine de ce nouveau style une année dans laquelle le 21 mars arriverait un lundi) et toutes se ressembleraient perpétuellement, ainsi que les trimestres, *les mêmes dates revenant indéfiniment aux mêmes jours de la semaine*. On n'aurait plus besoin de changer de calendrier chaque année.

La semaine doit être conservée, parce que c'est une période marquée par les phases de la lune, une sorte de sous-multiple du mois lunaire, et parce qu'elle s'accorde bien avec les exigences du travail et du repos.

Les noms des mois devraient être changés. Il importerait de choisir des désignations d'ordre général. Si l'on préférait des catégories astronomiques, le premier mois, du 21 mars au 20 avril, pourrait s'appeler le mois du Soleil ; le second, du 21 avril au 20 mai, pourrait s'appeler le mois de la Lune ; viendraient ensuite les planètes visibles à l'œil nu, dans l'ordre de leur éclat : Vénus, Jupiter, Mars, Saturne, Mercure ; les cinq autres noms restant pourraient être attribués aux principales étoiles : Sirius, Canopus, Arcturus, Véga, Capella. Il importerait de ne pas choisir d'attributions relatives aux saisons, parce que les saisons ne sont pas universelles. C'est un regret, les noms du calendrier républicain étant véritablement délicieux, et je partage sur ce point votre admiration. Mais comment appliquer Vendémiaire à Saint-Pétersbourg, Brumaire à Quito, Frimaire à Palerme, Pluviôse à Athènes ou Fructidor à Stockholm ? Ces désignations ne peuvent pas être non plus des noms d'hommes, car les appréciations en sont trop variables.

Ainsi, en résumé, une réforme du calendrier est désirable! La plus logique, la plus complète, la plus définitive, serait:

1° De fixer le commencement de l'année à l'équinoxe de printemps boréal, au 21 mars;

2° De former des mois consécutifs de 31, 30 et 30 jours, se continuant ainsi en quatre trimestres réguliers;

3° De donner à ces nouveaux mois des dénominations non point particulières aux saisons de nos latitudes, mais plutôt astronomiques ou, dans tous les cas, *générales*, s'appliquant à l'ensemble de l'humanité.

On constituerait de la sorte un calendrier universel et perpétuel. Les dates reviendraient indéfiniment aux mêmes jours de la semaine, et la mesure du temps serait fixe et uniforme.

Indiquer cette réforme rationnelle suffit pour montrer qu'elle est inapplicable. La race humaine terrestre est essentiellement illogique. Voici environ deux mille six cents ans qu'elle garde plus ou moins le 1er janvier comme origine de l'année, sans pouvoir en sortir. Elle appelle septembre, octobre, novembre, décembre, c'est-à-dire 7e, 8e, 9e et 10e, les 9e, 10e, 11e et 12e mois, sans avoir l'air de s'en douter. Nous donnons des noms païens aux jours de la semaine, tout en étant chrétiens, et nous consacrons le premier jour de l'année à la Circoncision sans être juifs. Tout s'arrange et dure en ce monde, pourvu que ce soit provisoire et illogique. L'empereur de Russie est un homme intelligent, instruit, et, dit-on, autocrate : il lui est impossible, pour ne pas contrarier le sacré synode, d'adopter, même simplement, le calendrier grégorien en usage dans tous les autres pays civilisés, et depuis l'année dernière la Russie est en retard d'un jour de plus, de treize jours au lieu de douze, sur la nature, pour ne pas être d'accord avec le pape. Il faut prendre l'humanité comme elle est. Notre calendrier lui ressemble et gardera ses imperfections aussi longtemps qu'elle gardera les siennes.

CAMILLE FLAMMARION.

CALENDRIER RATIONNEL

Les imperfections de notre calendrier sont universellement reconnues. Est-ce toutefois là une raison suffisante pour essayer de l'améliorer?

Autrement dit, l'humanité préfère-t-elle les choses imparfaites aux choses parfaites ?

D'autre part, le calendrier, en particulier, a déjà été l'objet d'un grand nombre de propositions de réformes restées sans application. Les principales et les plus modernes sont celles de la République Française en 1792, d'Auguste Comte en 1849, de Patrice Larroque en 1859, et la réforme dont nous avons parlé plus haut, proposée en 1884 dans notre revue *l'Astronomie*, étudiée et adoptée en 1887 par la Société Astronomique de France. Il y en a beaucoup d'autres. Est-il intéressant, est il raisonnable d'en imaginer une centième?

C'est une question fort discutable. Quant à moi, si je le fais ici, c'est parce que je m'y trouve un peu engagé par les circonstances dont on a pu lire le récit aux pages qui précèdent.

Le dernier projet que je viens de rappeler,

celui de la Société Astronomique de France, est le plus simple et serait le plus facile à réaliser sans aucune secousse ; mais on peut lui reprocher de rester provisoire, de laisser le commencement de l'année au 1er janvier et les noms des mois en contradiction avec leur position. Il est donc légitime, au point de vue de la logique, de concevoir un projet pouvant être considéré comme rationnel et achevé, du moins dans ses lignes essentielles.

Les principes de ce calendrier désirable viennent déjà d'être exposés :

1° Commencement de l'année à l'équinoxe de printemps.

2° Année de 52 semaines de 7 jours distribuées en douze mois réguliers * plus un jour de fête complémentaire, sans numération, jour 0 (et deux lors des années bissextiles). Cette disposition fait que toutes les années se ressembleraient, que les mêmes dates des mois reviendraient indéfiniment aux mêmes jours de la semaine, et qu'au lieu de changer tous les ans le calendrier serait *perpétuel*.

3° Douze mois en quatre trimestres égaux de

* Il y aurait un moyen de composer l'année d'un nombre exact de semaines, en faisant 73 semaines de 5 ours. Mais cette réforme paraît peu pratique.

31, 30 et 30 jours, se renouvelant régulièrement.

4° Noms des mois changés, puisque l'année commencerait le 21 mars, et choisis dans une catégorie générale de faits ou d'idées, et non plus restreints à des régions spéciales du globe.

C'est sur ces bases fondamentales que le calendrier suivant a été imaginé et rédigé. Il serait *rationnel* et *perpétuel.*

Quant aux noms à donner aux nouveaux mois, ils sont sans importance scientifique. Ce n'est là qu'un détail de philologie. La première désignation qui se présente à l'esprit est celle de simples numéros d'ordre : premier, deuxième, troisième, etc. Mais elle offre un médiocre intérêt. C'est un peu comme si l'on se contentait d'appeler ses enfants n° 1, n° 2, n° 3, au lieu de leur donner des noms qui les personnifient. La seconde désignation qui se présente est celle qui correspond aux saisons, et nulle assurément ne pourrait être mieux réussie que celle de Fabre d'Églantine ; mais elle n'est pas universelle, ne s'applique qu'à nos latitudes, et par cela même est inadmissble *.

* Nous reproduisons plus loin, à l'Appendice, ce Calendrier de la République française et le curieux Rapport de Fabre d'Églantine.

CALENDRIER RATI[…]

Jour de fête annuelle (ancien 20 m[…]),

QUATRE TRI[…]

PREMIERS MOIS de chaque trimestre — 31 jours	CONCORDANCE avec le Calendrier Grégorien				DEUXIÈMES MOIS de chaque trimestre — 30 jours	C[…] a[…]
		ⓡ				*
1 Lundi......	21 mars	20 juin	19 sept.	19 déc.	1 Jeudi......	21 […]
2 Mardi......	22	21	20	20	2 Vendredi...	22
3 Mercredi...	23	22	21	21	3 Samedi.....	23
4 Jeudi......	24	23	22	22	4 Dimanche...	24
5 Vendredi...	25	24	23	23	5 Lundi......	25
6 Samedi.....	26	25	24	24	6 Mardi......	26
7 Dimanche...	27	26	25	25	7 Mercredi...	27
8 Lundi......	28	27	26	26	8 Jeudi......	28
9 Mardi......	29	28	27	27	9 Vendredi...	29
10 Mercredi...	30	29	28	28	10 Samedi.....	30
11 Jeudi......	31	30	29	29	11 Dimanche..	1er
12 Vendredi...	1er avril	1er juil.	30	30	12 Lundi......	2
13 Samedi.....	2	2	1er oct.	31	13 Mardi......	3
14 Dimanche...	3	3	2	1er jan.	14 Mercredi....	4
15 Lundi......	4	4	3	2	15 Jeudi......	5
16 Mardi......	5	5	4	3	16 Vendredi...	6
17 Mercredi...	6	6	5	4	17 Samedi.....	7
18 Jeudi......	7	7	6	5	18 Dimanche...	8
19 Vendredi...	8	8	7	6	19 Lundi......	9
20 Samedi.....	9	9	8	7	20 Mardi......	10
21 Dimanche..	10	10	9	8	21 Mercredi....	11
22 Lundi......	11	11	10	9	22 Jeudi......	12
23 Mardi......	12	12	11	10	23 Vendredi..	13
24 Mercredi...	13	13	12	11	24 Samedi.....	14
25 Jeudi......	14	14	13	12	25 Dimanche...	15
26 Vendredi...	15	15	14	13	26 Lundi.....	16
27 Samedi.....	16	16	15	14	27 Mardi......	17
28 Dimanche..	17	17	16	15	28 Mercredi....	18
29 Lundi......	18	18	17	16	29 Jeudi......	19
30 Mardi......	19	19	18	17	30 Vendredi...	20
31 Mercredi...	20 *	20	19	18		**

Tous les quatre ans, deux jours de fête. — Les noms de mois baroques, […] raient être remplacés par des désignations dignes des qualités, ou, tout au mo[…] **Vérité, Science, Sagesse; Justice, Honneur, Bonté; Amour, Be[…]**

L ET PERPÉTUEL

ouveau jour de l'an, numéroté O.

ES ÉGAUX

	)RDANCE ıdrier Grégorien		TROISIÈMES MOIS de chaque trimestre — 30 jours	CONCORDANCE avec le Calendrier Grégorien			
l.	20 oct.	19 jan.	1 Samedi.....	** 21 mai	20 août	19 nov.	18 fév.
	21	20	2 Dimanche...	22	21	20	19
	22	21	3 Lundi......	23	22	21	20
	23	22	4 Mardi......	24	23	22	21
	24	23	5 Mercredi....	25	24	23	22
	25	24	6 Jeudi.......	26	25	24	23
	26	25	7 Vendredi...	27	26	25	24
	27	26	8 Samedi.....	28	27	26	25
	28	27	9 Dimanche ..	29	28	27	26
	29	28	10 Lundi.......	30	29	28	27
	30	29	11 Mardi	31	30	29	28
û	31	30	12 Mercredi....	1er juin	31	30	1er mars
	1er nov.	31	13 Jeudi.......	2	1er sept.	1er déc.	2
	2	1er fév.	14 Vendredi....	3	2	2	3
	3	2	15 Samedi.....	4	3	3	4
	4	3	16 Dimanche ..	5	4	4	5
	5	4	17 Lundi......	6	5	5	6
	6	5	18 Mardi	7	6	6	7
	7	6	19 Mercredi....	8	7	7	8
	8	7	20 Jeudi.......	9	8	8	9
	9	8	21 Vendredi ...	10	9	9	10
	10	9	22 Samedi.....	11	10	10	11
	11	10	23 Dimanche...	12	11	11	12
	12	11	24 Lundi......	13	12	12	13
	13	12	25 Mardi	14	13	13	14
	14	13	26 Mercredi ...	15	14	14	15
	15	14	27 Jeudi	16	15	15	16
	16	15	28 Vendredi ...	17	16	16	17
	17	16	29 Samedi.....	18	17	17	18
	18	17	30 Dimanche..	19	18	18	19
				⊛			

ıts ou illogiques que nous employons depuis le temps des Romains pour-
ndances intellectuelles de l'Humanité, telles que les douze titres suivants :
umanité ; Bonheur, Progrès, Immortalité.

On en a proposé d'autres. Le calendrier « positiviste » d'Auguste Comte se composait de 13 mois de 28 jours, portant les noms de Moïse, Alexandre, Aristote, Archimède, César, Saint Paul, Charlemagne, Dante, Gutemberg, Shakespeare, Descartes, Frédéric et Bichat. C'est là un ordre historique qui a sa valeur, mais dont on peut discuter les termes. Frédéric représente-t-il vraiment le sommet de l'administration politique, et Bichat est-il le savant le plus éminent de notre planète ? Les opinions humaines sont changeantes, et des noms d'hommes ne peuvent rallier tous les suffrages. Patrice Larroque, lui, composait l'année de 36 décades et demie, portant simplement des numéros d'ordre.

On a vu tout-à-l'heure que le ciel lui-même semble nous offrir pour présider aux mois les astres resplendissants de la voûte céleste, le soleil, la lune, les planètes, les plus brillantes étoiles. Mais, cette nomenclature a un défaut, elle aussi, c'est d'exister déjà dans les jours de la semaine. Ce serait donc se répéter, et ce n'est pas nécessaire.

Et les douze signes du zodiaque ? Ne sont-ils pas tout préparés pour désigner les douze mois ?

Ce serait assez logique. Mais... à cause de la précession des équinoxes, ces signes ne sont pas fixes et ne correspondent à leurs propres constellations que pendant deux mille ans. Ils font le tour du ciel en 25765 ans. C'est regrettable.

Pourquoi ne choisirait-on pas des noms rappelant les hautes qualités directrices de l'humanité, les sentiments qui l'élèvent et l'inspirent, les facultés qui l'honorent et l'ennoblissent, et en font une race véritablement intellectuelle ?

Il me semble que les noms suivants ne seraient pas déplacés à la tête des douze mois de l'année :

VÉRITÉ
SCIENCE
SAGESSE
JUSTICE
HONNEUR
BONTÉ
AMOUR
BEAUTÉ
HUMANITÉ
BONHEUR
PROGRÈS
IMMORTALITÉ

Ils honoreraient l'espèce humaine.

D'autres titres du même ordre se présentent en même temps à l'esprit, tels que Fraternité, Paix, Harmonie, Vertu, Courage, Indépendance, Liberté, etc. Je n'y inscrirais pas celui d'Égalité, parce qu'il est faux ; ni celui de Patrie, parce qu'il n'a guère servi jusqu'à présent qu'à diviser les hommes : Humanité paraît préférable. Il conviendrait aussi de n'y marquer aucune couleur spéciale politique ou religieuse.

(Quant à la durée de l'année, elle est actuellement de 365^j, 5^h, 48^m, 45^s, 506, et elle diminue de 0^s 539 par siècle. En faisant une année bissextile sur 4, et une également sur 4 années séculaires, le calendrier diffère très peu de la nature : de 1 jour en trois mille ans. Il n'y a donc pas lieu de modifier sur ce point le calendrier grégorien : il suffira de supprimer 1 jour dans trois mille ans environ).

Ce « calendrier rationnel et perpétuel » n'est présenté ici que sous forme de projet *inacceptable*, parce qu'il est naïf à force d'être simple, parce que la race terrestre ne peut pas ne pas rester imparfaite, et parce qu'il faudrait prendre là une détermination qui changerait trop d'habitudes invétérées. Quelle est la loi suprême? L'intérêt. Combien d'argent gagnerait-on à réformer le calendrier? Cela ne se voit pas à première vue. Donc on continuera à patauger dans la boue ou la neige pour les étrennes du 1er janvier, à appeler décembre le douzième mois de l'année, et à changer de cartons tous les ans. Ainsi le veut la sagesse humaine.

LE TEMPS

L'article suivant a été écrit au couvent de la Grande-Chartreuse. La solitude du lieu, le silence du monastère, la simplicité de la cellule où l'on passe les nuits, l'office nocturne des matines, la vie contemplative des religieux, l'histoire même de l'œuvre de saint Bruno, tout nous éloigne du monde agité où se meuvent les passions humaines. On y ignore l'actualité, on ne s'y préoccupe point de la couleur politique d'un ministère ni même de la forme du gouvernement. Le temps n'y marque son passage que par la succession lente et monotone des jours, et depuis l'an 1084 de la fondation de l'ordre, depuis plus de huit siècles, les royaumes et les empires se sont succédé en Europe sans que les exercices quotidiens des moines qui vivent là aient sensiblement varié.

Ce couvent silencieux et solitaire me rappelait le vieux château de Bourgogne que j'avais quitté quelques jours auparavant, et qui venait d'être fermé à la vie, lui aussi, ses propriétaires étant rentrés à Paris. La plus belle maison de campagne abandonnée, comme si plus jamais on n'y devait revenir, n'est-elle pas plus morte encore qu'un monastère ?

Dans le grand salon du château, où se tenaient habituellement les nombreux invités de la belle saison, et où, chaque soir, les jeux, le chant, la musique, la comédie, sans compter les conversations, les discussions et les flirts, jetaient pendant plusieurs mois les rayons d'une vie ardente et mouvementée, on pouvait remarquer une grande et belle horloge de l'époque de Louis XIV dont le balancier représentait un soleil d'or tout rayonnant. Pendant les bruits du jour ou les agitations du soir, cette horloge et son balancier pouvaient passer inaperçus. Mais lorsque par hasard on restait seul un instant dans l'immense salon, ou lorsqu'on y pénétrait pendant la nuit pour y chercher un livre oublié, le silence profond mettait en relief pour l'oreille le rythme cadencé de l'oscillation du pendule marquant les secondes; dans ce calme profond, le tic-tac régulier et monotone de la vieille horloge s'imposait à l'attention, et la solitude de la nuit en paraissait augmentée par suite d'une sensation paradoxale qui forçait, pour ainsi dire, l'oreille à *écouter le silence.*

Cette horloge était régulièrement remontée le premier jour de chaque mois par le gardien du château, et toujours elle marchait, sans jamais interrompre son cours. En été, en automne, elle marquait les heures de la vie, des repas, des réunions, des promenades, des rendez-vous, des parties de plaisir, des chasses, des fêtes, des soirées, du sommeil. Mais lorsque le château était vide, fermé, silencieux, elle continuait de marcher, de marquer les secondes, les minutes, les heures sonnées au clair timbre d'argent, les jours du mois inscrits sur le petit cadran de gauche, les mois de l'année gravés sur le petit cadran de droite, tandis qu'au faîte de l'horloge le Temps demeurait immobile appuyé sur sa faux, les ailes fermées, dans l'attitude morne du Destin.

Elle sonnait les heures en pleine solitude du grand salon noir, heures que personne n'entendait et qui ne servaient à rien, et son balancier régulier frappait avec une forte sonorité les secondes successives ininterrompues. Un fil téléphonique communiquant de Paris à cette antique seigneurie de la Bourgogne aurait permis à ses propriétaires d'entendre cette oscillation permanente et fatale, solennelle et presque lugubre.

Qu'est-ce que le Temps en l'absence de toute pensée qui l'apprécie?

Ce temps n'existe là pour personne et s'écoule comme une eau solitaire dans une forêt vierge que le regard de l'homme n'a jamais vue.

> Le temps, cette image mobile
> De l'immobile éternité,

semblait se résoudre vraiment, s'annihiler dans l'éternité, comme, dans les contemplations astronomiques, l'espace se dissout, s'évanouit dans l'immensité.

En songeant à cette horloge battant régulièrement et inexorablement les secondes dans le désert, comme l'horloge de la Grande-Chartreuse, je me demandais ce que c'est que *le Temps*.

Oui, qu'est-ce que ce temps qui tombe ainsi goutte à goutte dans le néant ?

Notre pensée croit le comprendre en l'envisageant surtout dans son ordre de succession, en le divisant en trois parties, le présent, le passé et l'avenir.

Le passé n'existe plus, l'avenir n'existe pas encore. Le présent seul nous frappe par sa réalité actuelle.

Mais je voudrais bien savoir en quoi consiste vraiment ce présent. Si je considère une seconde, cet intervalle pourtant si court entre les deux battements du balancier de l'horloge, je puis la diviser assez facilement par la pensée en dix parties égales, et c'est là une habitude constante dans les observations astronomiques. Lorsqu'il s'agit de constater le passage d'une étoile derrière le fil d'araignée de la lunette méridienne, ou le moment précis de l'occultation d'un astre par la Lune, ou la distance de l'ouest à l'est entre deux étoiles voisines, les astronomes notent leurs observations en dixièmes de secondes. Le moment présent, en fait, serait plus justement représenté par l'idée d'un dixième de seconde que par la durée d'une seconde entière.

Maintenant, allons encore un peu plus loin dans la précision. Les dixièmes de seconde sont des intervalles assez longs, et lorsqu'il s'agit de comparaisons délicates, telles, par exemple, que les mesures de mouvements propres des étoiles, on les détermine toujours en centièmes de seconde.

C'est là la véritable unité en astronomie de précision. La durée de la rotation de la planète Mars sur elle-même s'exprime par le nombre 24 heures 37 minutes 22 secondes 65 centièmes. Les meilleures photographies du Soleil s'obtiennent en moins d'un centième de seconde.

Nous pourrions considérer le présent comme durant un centième de seconde. Et pourtant même nous devrions remarquer que cette appréciation dépend uniquement de nos organes, de nos facultés, de notre cerveau. Tout en étant cent fois plus courte que la première, cette durée est encore longue en elle-même. Il est possible que des êtres, des infiniment petits, des microbes, vivent un centième de seconde, qui pour eux est un siècle, pendant lequel ils sont nés, ont grandi, se sont reproduits, ont vécu, ont vieilli. En un centième de seconde, la lumière parcourt trois mille kilomètres, la distance de Paris au Cap Nord et au Caucase.

Il est donc plus juste, pour estimer le moment présent, de considérer un centième de seconde plutôt qu'un dixième. Nous pourrions même, assurément, aller jusqu'au millième, puisqu'il est employé dans les sciences physiques, notamment dans les expériences électriques. Mais bornons-nous à une appréciation concevable. Le dixième de seconde est simple à concevoir : pendant la durée d'une seconde on peut frapper dix coups d'ongle sur un objet, les entendre et en apprécier la succession. La dixième partie de ce dixième, ou le centième, peut encore peut-être s'imaginer par la pensée. Mais c'est tout. Le millième est complètement insaisissable. Or ce centième de seconde n'est vraiment qu'un instant, un moment, un point.

Voila le présent. Voilà ce qui existe actuellement. L'instant qui le précède n'existe plus. L'instant qui le suivra n'existe pas encore.

De là à penser que le temps n'existe pas du tout, il n'y a pas bien loin.

Le présent passe aussi vite qu'il apparaît. C'est une porte ouverte entre le passé et l'avenir par laquelle l'avenir se précipite sans cesse dans le passé, tombe dans l'abîme et s'évanouit.

Où est hier? Où est demain?

Que reste-t-il des événements qui se sont accomplis du temps de Jules César, d'Alexandre, de Darius, et des millions d'hommes qui se sont fait tuer pour l'épanouissement de leur gloire?

Les atomes qui composaient les corps vivants de ces millions d'êtres humain, flottent aujourd'hui dans le vent, circulent dans les végétaux, les animaux et les hommes d'aujourd'hui, coulent dans les sources, pleuvent dans les pluies, murmurent dans les ruisseaux, dans le frisson des feuillages, dans le vol des insectes bourdonnants, dans le chant du grillon, dans tous les bruits de la nature. Mais de tous ces corps vivants d'autrefois, de ceux d'Aspasie, de Phryné, de Laïs et de toutes les reines de la beauté humaine, que reste-t-il? Rien, rien, rien.

Et tous les êtres qui vivent aujourd'hui disparaîtront comme leurs ancêtres.

Je ne parle pas des forces invisibles qui régissent l'univers, des énergies qui groupent les atomes en harmonies vivantes, des esprits et des âmes ; je parle de la nature matérielle, tangible, pondérable, que tout le monde connaît. Eh bien, dans cette nature, dans cet univers, ce qui est passé n'existe plus et ce qui est à venir n'existe pas encore. Quant au présent, qui seul existe, nous venons de sentir combien il est fugitif et insaisissable, avec quelle rapidité il disparaît lui-même.

Le temps ne serait-il donc qu'une illusion de notre esprit ?

On pourrait le croire, aussi, en songeant à l'étrange appréciation du temps amenée par certains rêves.

Vous dormez. Un bruit vous réveille. Ce bruit (qui vous réveille, remarquez-le bien) détermine un rêve qui paraît, parfois, durer plusieurs heures et même plusieurs jours. L'un des plus curieux de ce genre est celui de Bonaparte, premier consul, qui le 3 nivôse an IX, se rendant en voiture à l'Opéra, s'était assoupi dès la sortie des Tuileries et fut réveillé par l'explosion de la machine infernale en traversant la rue Saint-Nicaize. « A moi, mes amis, s'écrie-t-il, nous sommes cernés ! » Il rêvait coups de canon, fusillades, se voyait sur un pont entouré par l'ennemi, et, comme dans tous les cas où ces rêves ont pu être analysés, avait eu ce rêve déterminé par une cause extérieure. Un autre exemple non moins curieux est celui qui m'a été raconté par Alfred Maury et qu'il a décrit lui-même dans son livre. Il rêve qu'il est arrêté pendant les journées révolutionnaires par le comité du salut public, conduit en prison, amené en jugement, interrogé, condamné à mort, appelé le lendemain matin, après une longue nuit d'insomnie, attaché sur la charrette fatale qui se met en marche vers la place de la Révolution. Il monte à l'échafaud, se couche sur la planchette — sent son cou engagé dans l'anneau de la guillotine et le tranchant du couteau entamer sa chair. Il se réveille. Cause du rêve, la chute de la flèche du lit et le froid du cuivre de cette flèche touchant son cou. Sa mère qui était auprès de lui, convalescent, avait à peine eu le temps de s'apercevoir de la chute du rideau et d'en dégager sa tête, que ce rêve de quelques secondes s'était entièrement effectué, commençant au point de vue causalité par la fin puisque comme dans le cas précédent c'était la sensation extérieure qui l'avait déterminé. Nous pourrions citer cent exemples du même ordre * auxquels

* V. *L'Inconnu*, au chapitre des Rêves, p. 394, etc.

on pourrait adjoindre les accidents pendant lesquels en une ou deux secondes un noyé, un homme qui croit mourir, un cavalier qui tombe dans un précipice ont revu leur vie tout entière.

Qu'est-ce donc que le temps si une seconde peut paraître durer un siècle, et si un siècle peut passer en une seconde ?

Les années du monde de Neptune durent 165 des nôtres. Sont-elles plus longues pour Neptune que les nôtres pour nous ?

Et si Neptune n'est pas habité, à quoi servent ces années ?

Et dans l'espace pur, où nul mouvement, nulle oscillation, nulle rotation diurne, nulle révolution annuelle ne marque le temps, comment la durée peut-elle se mesurer ?

Une personne qui a été enterrée vive et qui, fort heureusement pour elle, s'est manifestée au moment où les premières pelletées de terre tombaient avec sonorité sur le cercueil, m'a raconté son effroyable désespoir de ne pouvoir se dégager du linceul et d'être sur le point d'être enfermée vivante dans la tombe. Sa voix s'arrêtait dans sa gorge. Enfin elle put crier ! Elle n'avait entendu qu'un mot psalmodié à la fin des prières du prêtre : amen. Aussitôt après, le prêtre avait jeté une pelletée de terre. Ensuite, une centaine d'amis étaient passés avec l'eau bénite. Cela avait bien pu durer huit minutes pendant lesquelles elle n'avait pu se faire entendre. Or ce cauchemar avait été incomparablement plus long pour elle que sa vie tout entière.

On raconte aux enfants du catéchisme qu'il y a dans l'enfer un grand balancier oscillant lentement et disant dans sa voix symbolique : « Toujours! Jamais! » Toujours souffrir, jamais n'être délivré de la condamnation éternelle. Cette image frappe les jeunes imaginations et leur fait concevoir l'éternité de la durée. Elle mériterait presque d'être élevée à la dignité de parabole astronomique.

A quel âge les années paraissent-elles les plus longues? De dix à quinze ans, certainement. Un enfant qui meurt à quatorze ou quinze ans croit avoir aussi longtemps vécu que le vieillard à cent ans. A mesure que nous avançons dans la vie, les années se raccourcissent comme la perspective d'une allée d'arbres.

Que conclure de cette dissertation, sinon que la mesure de temps n'a rien d'absolu, qu'elle est relative à nos sensations, qu'elle n'est pas réelle, objective, mais seulement subjective, appropriée à nos impressions. Les religieux qui ont vécu depuis huit cents ans à la Chartreuse semblent être restés au temps de Philippe Ier ou de saint Louis.

Si le mouvement de la Terre allait en s'accélérant ou en se ralentissant graduellement, qui s'en apercevrait? Les astronomes seuls. Les années et les jours pourraient arriver à être deux fois, dix fois plus courts ou plus longs, les fonctions de la vie suivraient la même marche, et il n'y aurait rien de changé pour nos impressions.

Le temps est donc l'élément le plus mystérieux, le plus difficile à concevoir pour l'esprit humain. Il est impossible d'en donner une définition. C'est l'horloge marchant dans la solitude.

Que notre pensée remonte aux origines de la formation du système du monde, antérieurement à l'existence de la Terre : le temps n'existait pas.

Qu'elle descende les âges jusqu'à la fin de notre monde, à l'extinction du Soleil et à l'anéantissement de la vie sur toutes les planètes : le temps n'existera plus :

Et d'ailes et de faux dépouillé désormais,
Sur les mondes détruits, le Temps dort, immobile.

Et pourtant, le temps, c'est tout. C'est l'étoffe

dont la vie est faite, c'est le grand facteur des événements, c'est le maître universel et absolu. Nous disions tout à l'heure que les ancêtres n'existent plus. Mais ils existent en nous et de toutes les façons. Jules-César, Auguste, Jésus-Christ agissent sur toute l'humanité. L'Empire romain et le christianisme ont exercé leur influence sur le monde entier, et tout ce qui arrive actuellement n'existerait pas sans les causes antérieures les plus éloignées. La guerre de 1870 n'aurait pas eu lieu sans Napoléon Ier et Louis XIV; de telle sorte que quel que soit l'événement que l'on considère, c'est l'œuvre du temps que l'on a sous les yeux.

Antinomie et paradoxe! Pourquoi, diront les esprits indifférents, pourquoi penser ainsi à des problèmes insolubles? Eh! tout simplement pour le plaisir de penser, de raisonner, de causer. Est-ce perdre « son temps » que de penser? Non. Il nous semble, au contraire, qu'il n'est pour l'humanité aucune occupation aussi noble. Et puis, si le temps n'existe pas, comment pourrait-on le perdre? Et s'il existe, quel plus grand honneur peut-on lui rendre que le contempler en face, et de chercher à le connaître?

Il est utile de considérer la nature sous tous ses aspects, et le temps comme l'espace ne sont pas les moindres, sont, au contraire les plus grandioses, les plus immenses.

Le temps ne serait-il pas une entité métaphysique incognoscible dirigeant, organisant et constituant l'Univers prétendu matériel et pondérable? Une puissance invisible mystérieuse ne réside-t-elle pas au fond de toutes les choses?

UN SIÈCLE

Un siècle est-il long, est-il court ?

Tout récemment, au mois d'août 1900, je causais avec un intéressant vieillard, né en 1796, et qui sans doute, si nous pouvons nous fier à sa robuste construction, verra le vingtième siècle après avoir vu le dix-huitième. Nous avions alors une petite comète télescopique en observation, découverte à l'Observatoire de Marseille par M. Borrelly, et à ce propos j'aimais à m'entretenir avec un contemplateur de la fameuse comète de 1811, la plus belle du siècle. Mon interlocuteur avait alors quinze ans et sa mémoire est aussi fidèle, aussi précise que si l'événement datait d'hier. Le phénomène céleste flamboyait au ciel en pleine gloire napoléonienne — gloire si éblouissante que l'Université de

Leipzig décida de nommer le baudrier d'Orion *Napoleonstern* et fit graver une constellation spéciale que j'ai sous les yeux *. — Ce phénomène cométaire, dis-je, frappait l'attention la plus indifférente et resta associé pendant plus d'un demi-siècle à une année fertile entre toutes et surtout en un produit de la vigne exquis et inoubliable.

Tout en causant de la comète dont il dépeignait la merveilleuse splendeur, mon centenaire me laissait entendre en même temps divers échos de cette époque lointaine, et cela me semblait aussi d'hier, comme à lui. Il y avait là, sur un rayon de bibliothèque, quelques anciens annuaires du Bureau des longitudes. J'ouvris celui de 1811 et j'y remarquai la statistique des cent vingt-six départements de l'Empire, parlant six langues (française, italienne, flamande, allemande, bretonne et basque), arrêtant mon attention à quelques-uns de ces départements mémorables : Apennins, Bouches-du-Rhin, Bouches-de-l'Escaut, Zélande, Brabant, Mont-Tonnerre, Deux-Nèthes, Sarre, Sambre-et-Meuse, Lys, Dyle, Léman, Ombronne, Méditerranée, Arno, Marengo, etc. Ce temps où

* Je l'ai publiée dans la revue *L'Astronomie*, 1893, p. 419.

Florence, Gênes, Turin, Bruxelles, Genève, Anvers, Mayence, Aix-la-Chapelle, Trèves, Amsterdam et tant d'autres capitales de vastes provinces faisaient partie de la France me paraissait fort loin déjà dans l'histoire et j'écoutais avec un intérêt tout spécial les récits d'un contemporain.

Il me parla de la journée du 20 mars 1815, du retour de Napoléon aux Tuileries, de la fuite de Louis XVIII, du la revue du Carrousel, de la fête du Champ-de-Mai, du lendemain de Waterloo, de ses observations d'ailleurs fort indépendantes, car il était resté spectateur des événements sans être mêlé au moindre combat, n'ayant point été appelé sous les drapeaux, et l'année 1816 ayant été affranchie de conscription. C'était un historien exposant pour ainsi dire à ma vue les tableaux, presque les photographies, dont il avait été le tranquille témoin, et ayant assisté à toutes les phases de la transformation scientifique du siècle par la vapeur et l'électricité, ayant vu les premiers bateaux à vapeur, les premières locomotives, les premiers télégraphes électriques, les premiers becs de gaz, les premiers accumulateurs, les premiers portraits peints par le soleil, les premiers téléphones, etc. La vie d'un homme avait suffi pour tous les actes de ce grand spectacle.

Et je me disais que dans son enfance, vers l'âge de huit à dix ans, en cette aurore de la vie où l'on aime à questionner sur toutes choses et où l'on cherche instinctivement à connaître le monde dans lequel on vient d'entrer, il avait pu, comme je le faisais en ce moment, entendre parler, lui aussi, un centenaire de son époque, né, par conséquent, vers l'an 1705, dix ans avant la mort de Louis XIV. Je me trouvais donc en rapport avec quelqu'un qui avait pu l'être à son tour, avec un témoin des cérémonies de Versailles présidées par le grand roi et qui pourrait en parler actuellement, sinon *de visu*, du moins *de auditu*.

Un siècle est-il long? est-il court? nous demandions-nous tout à l'heure.

Il semble que ce soit un intervalle de temps vraiment très court, puisque l'un de nos contemporains pourrait nous parler de Louis XIV pour avoir entendu des récits d'un témoin oculaire.

Mais un siècle n'est même pas court : il n'existe pas. Le temps n'est qu'une illusion de notre esprit.

Pour nos appréciations, le temps, c'est le présent, car le passé a disparu, et l'avenir est encore dans l'inconnu des possibilités futures.

Or, qu'est-ce que le présent? Une porte par laquelle l'avenir tombe dans le passé. Voulons-nous concevoir le présent par la durée d'une minute? Mais si un siècle est court pour l'histoire de l'humanité et pour la mémoire humaine, une minute est longue pour celui qui la mesure, pour la lumière qui marche à la vitesse de trois cent mille kilomètres par seconde, pour l'électricité, pour le mathématicien. La seconde est généralement admise pour représenter l'unité de mesure du temps. Mais elle est très longue dans les observations astronomiques. Lorsque nous voulons estimer, par exemple, le passage d'une étoile au méridien, nous divisons toujours la seconde en dix parties et nous inscrivons le passage au méridien en dixièmes de seconde. Cette durée est encore très longue pour les mesures électriques, que nous estimons en centièmes et même en millièmes. Comme on l'a vu aux pages précédentes, dans l'état actuel de nos conceptions scientifiques, le présent, ce serait quelque chose comme un centième ou même un millième de seconde.

Et ce n'est même pas absolu, puisque pendant ce millième de seconde un rayon lumineux parcourut trois cents kilomètres! la distance de Paris à l'Angleterre, à l'Allemagne, à Dôle, à Chalon-sur-Saône, à Poitiers, à Rennes, à Cherbourg, à Anvers.

Dans tous les cas, voilà le présent, voilà ce qui existe actuellement. L'instant qui le précède n'existe plus. L'instant qui le suivra n'existe pas encore.

De là à conclure que le présent n'existe pas plus que le passé et l'avenir, il n'y a pas bien loin.

— Voyez-vous, me disait mon centenaire, à l'âge de 104 ans, on n'a pas beaucoup vécu. Toute la vie se resserre en une perspective qui rapproche les années, comme les peupliers du fond de la route. C'est à douze ans que la vie paraît la plus longue. A partir de trente ans, les jours raccourcissent de plus en plus vite.

— Mais, répliquai-je, à quel âge devrait-on mourir de préférence pour n'éprouver aucun regret?

— Oh! fit-il, à 104 ans on n'est pas encore pressé. Moi, je voterais plutôt pour 110 ans.

Je quittai ce noble vieillard — qui habite Olivet, sur les bords charmants du Loiret, et se nomme M. Michau *, — en lui promettant de revenir continuer la conversation l'année prochaine et en pensant qu'en effet un siècle passe bien vite. La comète de 1811, qui a été la cause de notre rapprochement, ne reviendra en vue de la Terre qu'en l'an 4876 ou à peu près, et son avant-dernière apparition date de l'an 1254 avant notre ère, du temps de la guerre de Troie. Ce sont là les années de la comète. Tout est relatif, et le temps, Madame, ne compte pas.

* Ce centenaire est mort au mois de novembre 1900, dans sa cent-cinquième année. Il avait pour collègue à la Société astronomique de France, mademoiselle de Lisle du Fieff, de Nantes, née en 1797, et actuellement dans sa cent cinquième année également (mai 1901).

LES 12 MOUVEMENTS DE LA TERRE

On vient de découvrir à notre planète errante un douzième mouvement qui met bien en évidence, comme tous les précédents, la mobilité, la légèreté, la docilité cosmique du petit globe éthéré à la surface duquel se déroulent nos destinées.

C'est un mouvement du pôle. Le pôle nord, par exemple, c'est-à-dire l'extrémité de l'axe de rotation diurne de notre planète, n'est pas un point fixe, immobile à la surface de la Terre : il se meut perpétuellement, ne reste pas deux jours de suite à la même place, mais se déplace en décrivant une courbe irrégulière autour d'un point moyen. C'est une oscillation, qui n'est pas la même chaque année, qui a pour cause le déplacement des masses atmosphériques, la circulation de l'atmosphère, les courants de la mer, etc., et qui est, du reste, assez faible en elle-même, car son amplitude totale ne dépasse pas quinze à dix-sept mètres *. Mais quelque minuscule qu'elle soit, elle est curieuse : c'est le globe terrestre tout entier qui oscille, et les latitudes de tous les pays varient constamment. Ainsi voilà la Terre qui tourne maintenant sous l'influence du vent, pourrions-nous dire, non point assurément comme un objet extérieur sur lequel la force du vent s'exercerait; mais enfin par suite du déplacement des masses atmosphériques et des densités à la surface du globe. Et cette Terre, ne l'oublions pas, pèse 5 957 930 quintillions de kilogrammes, ci :

5 957 930 000 000 000 000 000 000.

Qui sait maintenant quelles conséquences pourrait avoir sur l'état de l'humanité une connaissance exacte et complète des énormes forces nécessaires à la production de ce mouvement, si minime qu'il paraisse? Que de forces non utilisées! Le vent, les marées, les courants de la mer, etc. N'est-ce pas ici le cas de rappeler le

* Nous avons donné la figure de ce mouvement dans notre *Annuaire astronomique* de l'année 1899, p. 178.

mot d'Archimède : « Donnez-moi un levier, et je soulèverai le monde. »

Nous connaissions déjà onze mouvements à notre planète. O grand Galilée ! la science a marché depuis le jour où tu fus condamné à répudier à genoux dans l'église de la Minerve, à Rome, l'hérésie de deux mouvements de la Terre. *E pur si muove!*

Il est intéressant de passer en revue ces envolées de notre séjour en circulation dans le ciel.

1° *Rotation* diurne du globe terrestre sur lui-même en 23 heures 56 minutes 4 secondes. Nous n'insisterons pas ici sur ce mouvement, qui est connu aujourd'hui de tous les écoliers. Remarquons seulement qu'il est assez lent, puisque la vitesse est, à l'équateur, de quatre cent soixante-cinq mètres par seconde, à 40° de latitude de trois cent cinquante-sept mètres, à 50° de trois cents mètres, à 60° de deux cent trente quatre mètres, et aux pôles mêmes zéro. Ce simple mouvement d'un globe sur lui-même explique le mouvement diurne apparent du ciel, du soleil, de la lune, des planètes, des étoiles, qui, autrement, resterait inexplicable et inadmissible. Le Soleil, par exemple, qui trône à 149 millions de kilomètres d'ici, devrait courir avec une vitesse de 39 millions de kilomètres à l'heure, pour tourner en 24 heures autour d'un point presque insignifiant, puisque cet astre est 1 283 000 fois plus gros que la Terre et 324 000 fois plus lourd; l'étoile la plus proche, qui est 275 000 fois plus éloignée de nous que le Soleil, et plus lourde encore que cet astre, devrait tourner avec une vitesse de 10 trillions 725 milliards de kilomètres à l'heure ! !... et ainsi de suite jusqu'à l'infini. Le mouvement de rotation de la Terre est simple (directement démontré d'ailleurs) ; l'hypothèse du mouvement diurne des astres autour de nous est absurde, ridicule et d'une impossibilité mécanique absolue.

2° *Translation* annuelle autour du Soleil, en 365 jours 6 heures. Emporté par la force de gravitation autour du Soleil dominateur, le globe terrestre tourne autour de ce foyer, comme toutes les autres planètes. Ce mouvement est rapide, parce que le Soleil est très fort. La révolution parcourue annuellement par la Terre mesure 936 millions de kilomètres, ce qui représente 2 562 000 kilomètres par jour, 106 700 par heure, 1778 par minute, ou 29 600 mètres par seconde. Tel est notre mouvement autour du Soleil. Il est de l'ordre des autres mouvements planétaires, déterminés d'ailleurs par des mesures directes. C'est une course rapide, mais non extravagante, onze cents fois plus rapide que celle d'un train express, et soixante-quinze fois plus rapide que celle d'un boulet de canon.

3° *Précession* des équinoxes. L'axe de rotation de la Terre ne garde pas une direction fixe, mais tourne à la façon de celui d'une toupie, en décrivant un cône de 47 degrés d'ouverture, ce qui fait que le pôle céleste se déplace lentement et que l'étoile polaire varie de siècle en siècle. Actuellement, c'est l'étoile alpha de la petite Ourse qui est voisine du prolongement de l'axe du globe sur la sphère céleste ; il y a cinq mille ans, c'était l'étoile alpha du Dragon ; il y a quatorze mille ans, c'était la brillante Véga de la Lyre, et elle y reviendra dans douze mille ans. Ce lent mouvement conique de l'axe du monde s'effectue en 25 765 ans.

Il est difficile de contempler cette grande période de la précession des équinoxes sans songer à la succession des événements qui lui a correspondu depuis les origines de l'histoire. Lorsque Véga était notre étoile polaire, Paris n'existait pas, ni Londres, ni Rome, ni Thèbes, ni Jérusalem, ni Babylone : toutes ces futures capitales de l'activité humaine, dormaient encore dans l'inconnu des possibilités à venir. Lorsque cette brillante étoile reviendra à notre pôle, Paris aura sans doute rejoint Ecbatane et Memphis dans les cendres du passé. Il n'y aura plus, depuis longtemps, ni Français, ni Anglais, ni Allemands, ni Italiens, ni Russes, de même qu'il n'y a plus d'Assyriens, de Mèdes ou de Celtes. A l'époque où des milliers d'esclaves élevaient les pyramides, c'était l'étoile alpha du Dragon qui marquait le pôle, et lorsque Jésus vint au monde sous le règne de Tibère, la petite Ourse tournait autour du pôle extérieur à sa courbe. Les événements de l'histoire pourraient tous être revus dans la marche séculaire du pôle comme en un lointain miroir.

4° Mouvement *mensuel* de la Terre autour du centre de gravité du couple Terre-Lune. En tournant autour de la Terre, la Lune déplace notre globe dans l'espace, car, en fait, la Terre et la Lune tournent comme un couple autour de leur centre commun de gravité. La Lune pesant 80 fois moins que notre globe, ce centre de gravité se trouve 80 fois plus près du centre de la Terre que du centre de notre satellite, à 4 680 kilomètres du centre de notre monde, et nous tournons mensuellement autour de ce point.

5° *Nutation* de dix-huit ans et demi, causée par l'attraction de la Lune. Notre satellite exerce une action sur le renflement équatorial du globe terrestre et fait décrire à l'axe du monde une petite ellipse qui se greffe sur le mouvement général de la précession des équinoxes par une légère fluctuation dont la période est de dix-huit ans et demi. Les astronomes sont obligés de corriger perpétuellement les positions des astres par suite de cette influence.

Voici maintenant un sixième genre de mouvement.

6° Variation de l'*obliquité de l'écliptique*. L'axe de notre planète est incliné de 23 degrés 27 minutes sur la perpendiculaire au plan dans lequel elle se meut autour du Soleil et qu'on appelle le plan de l'écliptique. Nous tournons obliquement ; mais cette obliquité *varie* aussi de siècle en siècle. Onze cents ans avant notre ère, les astronomes chinois l'ont trouvée de 23 degrés 54 minutes. L'an 350 avant Jésus-Christ elle a été mesurée à

Marseille par Pythéas et trouvée de 23 degrés 49 minutes. Elle décroît actuellement de 47 secondes par siècle. Si cette diminution continuait, les saisons disparaîtraient un jour et nous jouirions d'un printemps perpétuel. C'est ce que l'on attribuait autrefois à l'état originaire du monde.

Le poète Milton précise même le moment où notre pauvre globe aurait été balancé : ce serait un instant après la faute d'Adam... ou d'Ève, Jéhovah, étonné de la désobéissance, ayant immédiatement fait descendre du ciel des anges très robustes avec mission de « pousser fortement ce maudit globe » pour nous imposer les frimas de l'hiver et les insolations de l'été. — Cette oscillation est faible, en réalité, et n'atteint pas 3 degrés.

7° Variation de l'*excentricité de l'orbite terrestre*. Notre planète errante est assez excentrique. C'est-à-dire qu'au lieu de graviter régulièrement, uniformément, en cercle, autour du Soleil, elle décrit une ellipse plus ou moins allongée. Cette excentricité varie. Dans 24 000 ans, elle sera très faible. Il y a cent mille ans, elle était très forte. L'orbite terrestre est comparable à un anneau de caoutchouc qui s'allonge ou se resserre.

On le voit, notre globe a une légèreté comparable à celle de la bulle de savon flottant dans l'air, obéissant à la moindre influence extérieure.

Vous vous souvenez de l'irrévérencieuse boutade latine du temps de la Régence. *Quid levius plumâ...* etc.

Quoi de plus léger que la plume?
— La poussière.
Que la poussière?
— Le vent.
Que le vent?
— La femme.
Que la femme?
— Rien.

Notre capricieuse petite planète est bien femme.

Mais ce n'est pas tout encore.

8° Déplacement de la *ligne des apsides* en 21 000 ans. On appelle ligne des apsides le grand axe de l'orbite terrestre. Ce grand axe tourne, lui aussi. Quatre mille ans avant notre ère, la Terre arrivait au périhélie le 21 septembre, le jour de l'équinoxe d'automne ; l'an 1250 de notre ère, elle y passait le jour du solstice d'hiver, le 21 décembre : alors nos hivers étaient les moins froids et nos étés les moins chauds. Le périhélie arrive aujourd'hui le 1er janvier. En l'an 11900, nos étés seront les plus chauds, et nos hivers les plus froids possible. Ce cycle est de 21 000 ans.

9° *Perturbations* causées par l'attraction changeante des planètes, suivant leurs positions et leurs distances, et dérangeant perpétuellement notre globe dans son cours.

10° Déplacement du *centre de gravité* du système solaire, centre déterminé par les positions variables des planètes. C'est autour de ce centre que la Terre tourne, et non autour du Soleil. Or, ce centre est souvent en dehors du Soleil. Il tourne en 12 ans, avec Jupiter, et en 29 ans et demi, avec Saturne.

11° *Translation* générale du système solaire dans l'espace. Le Soleil est en mouvement dans l'espace, vers un point situé dans la constellation d'Hercule, et il emporte avec lui la Terre et toutes les autres planètes, de sorte que l'orbite décrite annuellement par notre globe n'est pas une courbe fermée, mais une spirale aux spires écartées.

Depuis qu'elle existe, la Terre n'est pas passée deux fois par le même chemin. Nous laissons derrière nous les plages étoilées où scintille Sirius et nous nous dirigeons en tourbillonnant vers les régions de la Lyre. Si le mouvement se continue en ligne droite, nous arriverons au milieu de ces étoiles dans un demi-million d'années environ. Notre vitesse est de dix à douze kilomètres par seconde. Nous étions il y a une heure d'environ quarante mille kilomètres plus près de Sirius et plus loin de Véga que nous le sommes en ce moment. Nous approchons chaque heure, chaque jour, de la brillante Lyre céleste ; nous voguons tous vers les étoiles.

La découverte d'un douzième mouvement de la Terre a été pour nous l'occasion d'une revue générale de ces mouvements, qui n'avait pas encore été exposée, je crois, aussi complètement, et qui nous a fait vivre un instant en face des forces formidables qui régissent l'univers. Ces hautes contemplations élèvent avantageusement nos pensées au-dessus des choses souvent si vulgaires de la vie quotidienne.

COMMENT ON A MESURÉ LA TERRE

Pendant des siècles et des siècles, pendant des milliers et des milliers d'années, les hommes vécurent comme des animaux, sans se demander même sur quoi ils marchaient. Peut-être pourrions-nous remarquer qu'il y a encore actuellement sur notre boule tournante un grand nombre d'humains qui ne sont pas sortis de l'état d'âme de leurs ancêtres. Mais heureusement, il y a toujours eu des esprits curieux, et dès que l'homme commença à penser, il s'est demandé ce que peuvent être le Ciel et la Terre. D'abord, il a semblé que la Terre était une surface plane indéfinie, variée d irrégularités diverses, et l'on crut que le Soleil, la Lune, les Étoiles s'éteignaient tous les soirs pour se rallumer tous les matins. Certains voyageurs prétendaient même que, vers les colonnes d'Hercule, en Espagne, au détroit de Gilbraltar, on entendait au coucher du Soleil dans l'Océan comme le bruit d'un fer rouge plongé dans l'eau. Mais les observations ne tardèrent pas à montrer que c'est le même Soleil, la même Lune, les mêmes constellations, qui se couchent à l'Occident et se lèvent à l'Orient, et dès lors on fut obligé d'admettre que tous les astres passent *sous la Terre*. Solution hardie et téméraire sans doute, mais impossible à éviter. Ce fut là la première conquête de la science astronomique : la certitude de l'isolement de la Terre dans l'espace.

En vain les Egyptiens avaient-ils cherché à faire porter la Terre par des colonnes et les Indiens l'avaient-ils posée sur le dos d'un éléphant placé lui-même sur une immense tortue qui à son tour flottait sur l'Océan. Les racines vainement cherchées aux fondations de la Terre disparaissaient, inutiles et absurdes. La Terre était évidemment posée dans le vide. Mystère qui devait rester longtemps insoluble. On se demandait pourquoi elle ne tombait pas. Mais, après tout, où voudrait-on qu'elle tombât ?

Les premiers géographes lui supposèrent, les uns la forme d'une boule, d'autres celle d'un œuf, d'autres celle d'un cylindre, d'autres encore celle d'un cube, d'un bateau renversé, etc., etc., L'observation des navires disparaissant par leur région inférieure à mesure qu'ils s'éloignaient de la côte, et celle des étoiles nouvelles qui devenaient visibles au-dessus de l'horizon lorsqu'on se dirigeait vers le Sud, montrèrent que, de toutes les formes imaginées, la forme sphérique était la seule véritable. Tel fut l'enseignement de Pythagore.

On admit, en général, la forme sphérique, mais sans bien se rendre compte de sa géographie. On s'imagina habiter la partie supérieure de cette sphère, la partie inférieure restant dans l'inconnu. L'un des géographes anciens les plus célèbres avec Ptolémée et Strabon, Pomponius Mela, qui vivait au temps de Jésus-Christ, et qui a écrit l'ouvrage *De Situ Orbis*, ne dit pas un mot des antipodes, quoiqu'il parle des antichtones, ou habitants inconnus de l'hémisphère austral. L'Océan entoure le monde ; la région boréale est la seule connue. Elle s'étend en longueur de l'Est à l'Ouest, d'où la dénomination de degrés de *longitudes* pour mesurer cette longueur ; elle est moins étendue du Sud au Nord : c'est sa largeur, d'où le nom de *latitudes*.

Nous pouvons être sûrs, toutefois, que les savants les plus réfléchis, tels que Pythagore, Archimède, Eratosthènes, admettaient les antipodes et savaient qu'ils sont dans la même situation relative que les habitants de l'Europe, le centre du globe représentant « le bas » et l'atmosphère environnant la Terre de toutes parts représentant « le haut ».

La forme sphérique étant admise, on put songer aux moyens d'en mesurer l'étendue. Eratosthènes est le premier qui ait essayé cette mesure, vers l'an 250 avant notre ère. L'Égypte était alors une nation très civilisée, et son cadastre était parfaitement établi. Les villes d'Alexandrie et de Syène (aujourd'hui Assouan) ne différaient pas considérablement de méridien : la différence est de moins de trois degrés. Leur distance du nord au sud est de plus de sept degrés. On avait remarqué qu'au solstice d'été le Soleil était vertical au zénith de Syène et reflétait même son image dans les puits, tandis qu'il n'en était pas de même à Alexandrie. Donc les puits de Syène et d'Alexandrie ne sont pas parallèles entre eux. Deux verticales ou deux fils à plomb tendus, l'un à Syène, l'autre à Alexandrie, diffèrent entre eux d'un certain angle. C'est cet angle qu'il s'agissait de mesurer. Puis, cette mesure une fois faite, si l'on connaît la distance réelle qui sépare les deux villes — et elle l'était par le cadastre égyptien — on calcule aisément la circonférence entière du globe. Supposons, par exemple, que l'on trouve pour l'angle en question 7 degrés. Nous divisons les 360 degrés de la circonférence par ce chiffre et nous trouvons 51,43. Supposons, d'autre part, que la distance itinéraire entre les deux villes donne pour la distance dans le sens du méridien 800 kilomètres. Il nous suffira de multiplier 800 par 51,43 pour obtenir la circonférence entière du globe. Le calcul donne 41 millions de mètres.

Voilà précisément le travail que fit Eratosthènes il y a vingt et un siècles; et c'est encore le même que nous faisons aujourd'hui, avec des instruments plus précis. Il mesura à Syène et à Alexandrie, à l'aide du gnomon, la distance zénithale du Soleil au moment du solstice d'été et trouva 7 degrés 12 minutes. D'autre part, à l'aide du cadastre égyptien, il trouva 5.000 stades pour la distance entre les parallèles de Syène et d'Alexandrie. Il en conclut 250.000 stades, soit 40.500 kilomètres pour la circonférence du globe. Ce résultat est vraiment d'une approximation remarquable.

Dans son ouvrage, Eratosthènes prévoit la découverte de l'Amérique, déclarant que des navigateurs pourraient aller aux Indes en partant d'Espagne et rencontreraient sans doute des terres habitées sur leur passage.

Dix-sept siècles plus tard, Christophe Colomb part à la recherche des Indes et réalise la prévision de l'astronome grec.

Remarque curieuse : la mesure de la Terre, commencée par Eratosthènes, n'a été sérieusement continuée qu'après la découverte de l'Amérique, d'abord par le Français Fernel, en 1550.

Fernel mesura astronomiquement un arc de méridien de 1 degré entre Paris et Amiens, puis en détermina la longueur par un procédé des plus simples, qui lui donna également un résultat extraordinairement précis. Fernel était médecin du roi Henri II et faisait ses courses dans une bonne voiture. La route est sensiblement droite entre Paris et Amiens, villes situées juste sur le même méridien. Il compta le nombre des tours de roue de sa voiture, mesura avec soin la circonférence de ses roues, et trouva 57,070 toises pour la longueur de ce degré. Cent vingt ans plus tard, par le procédé mathématique des triangles, Picard, le fondateur de l'Observatoire de Paris, trouva 57.060 toises. On est stupéfait de la précision du travail de Fernel.

En 1615, un Hollandais, Snellius, imagina la vraie méthode d'observation pour mesurer la longueur d'un arc sur le sol ; cette méthode est celle des triangulations qui conduit à la détermination exacte des longueurs d'arc de méridien et de parallèle, permettant ainsi d'étudier la forme de la Terre aux différents degrés de longitude et de latitude. On établit une chaîne de triangles le long d'un arc, ce qu'on appelle un réseau ; à chaque sommet, on mesure simplement les angles entre les directions des autres sommets ; si l'on connaît la longueur de l'un des côtés de triangle, autrement dit une base, on peut, à l'aide des angles mesurés, calculer la longueur de tous les côtés de la chaîne. Il est facile ensuite de projeter les côtés de ces triangles sur un arc de méridien ou de parallèle, si l'on connaît l'azimut vrai de l'un des côtés, c'est-à-dire l'angle que fait la direction considérée avec la méridienne en l'un des sommets, angle que l'on détermine par des procédés astronomiques. Enfin, l'arc mesuré étant limité, il faut définir son amplitude astronomique par des observations de latitude si c'est un arc méridien, par des observations de longitude si c'est un arc de parallèle. On a ainsi tous les éléments pour déterminer la longueur d'un arc correspondant à une amplitude donnée. On conçoit maintenant comment, soit avec des arcs de méridien, soit avec des arcs de parallèles, situés à des latitudes très différentes, il est possible d'étudier la forme de la Terre, vérifier, par exemple, si les arcs de méridien sont égaux suivant des latitudes différentes, ou, dans le cas où ils sont inégaux, s'ils croissent ou décroissent de l'équateur au pôle : vérifier également si les arcs de méridiens, à la même latitude, sont égaux ou inégaux entre eux ; voir enfin comment se comportent les arcs de parallèle.

La méthode des triangulations a été une vraie conquête scientifique ; c'est elle qui a fait créer la science géodésique, que nous allons voir maintenant se développer rapidement, en apportant les résultats les plus féconds à l'étude de notre planète.

Snellius fit un essai de son procédé en établissant une chaîne de triangles entre Alcmaer et Berg-Op-Zoom ; mais son opération ne fut pas exacte, car il avait négligé de mesurer les angles à tous les sommets, condition rigoureuse pour que les calculs donnent des résultats certains. Il manquait en outre à Snellius le moyen de mesurer ces angles avec précision ; on ne possédait alors que des goniomètres à pinnules.

La substitution des lunettes aux pinnules dans les instruments d'observation marqua un progrès nouveau et permit à la science géodésique de se développer rapidement. C'est à un Français, l'abbé Picard, que ce progrès est dû *.

Arrêtons-nous un instant sur la triangulation de Picard, la première mesure tout à fait géométrique, réalisée de 1679 à 1682. Nous avons sous les yeux le Mémoire original de cet astronome et nous en offrirons à nos lecteurs les documents les plus intéressants. Voici, d'abord, en quelques mots, l'exposition du sujet. C'est l'abbé Picard lui-même qui parle, et nous sommes en 1682.

« La terre et l'eau ne sont ensemble qu'un

* *Voy. Bulletin de la Société Astronomique de France*, juin 1900, conférence de M. le général Bassot.

même globe, qui comprend l'une et l'autre sous le nom de Terre. On ne s'arrête pas ici à en rapporter les preuves ; mais cette vérité étant supposée pour constante, on demande quelle est la grandeur du globe de la Terre, et parce qu'il serait impossible d'en mesurer le tour en entier, on est réduit à la mesure d'une partie, dont on puisse conclure la grandeur du tout, et l'on se retranche ordinairement à la quantité d'un degré.

» Car, bien que la rondeur de la Terre soit en soi moins altérée par les inégalités des montagnes que celles d'une orange la plus fine par le grain de son écorce, toutefois ces mêmes inégalités sont si considérables à notre égard et si grandes en comparaison des mesures vulgaires, que pour venir à la connaissance d'une distance considérable q oique moindre que celle d'un degré, on est obligé d'avoir recours à la géométrie, en se servant d'une suite de triangles liés ensemble, dont les côtés sont comme autant de grandes mesures, qui, passant par-dessus les inégalités de la surface de la Terre, donnent enfin la mesure d'une distance qu'il aurait été impossible de mesurer autrement.

» Pour bien former ces triangles, il était nécessaire que l'on pointât à des objets éloignés avec une précison qui fût non seulement telle que l'on pût s'assurer de tout l'objet en gros, mais même que l'on déterminât dans l'objet jusqu'à un point certain. On avait inventé pour cela diverses sortes de pinnules, mais toutes imparfaites et incapables de donner la justesse que l'on demandait. C'est pourquoi Snellius, voulant excuser l'erreur de quelques minutes qui se rencontrait dans ses triangles, a eu raison de s'en prendre aux pinnules, au travers desquelles, comme il dit lui-même, un objet gros de plusieurs minutes n'était vu que comme un point, et encore avec peine. Mais on s'est avisé depuis quelques années de mettre des lunettes d'approche à la place des pinnules anciennes; ce qui a si heureusement réussi, qu'il semble qu'il n'y ait plus rien maintenant à désirer là-dessus.

» Dans le dessein que l'on s'était proposé de travailler à la mesure de la Terre, on a jugé que l'espace contenu entre Sourdon en Picardie et Malvoisine dans les confins du Gâtinois et du Hurepois, serait très commode pour l'exécution de cette entreprise, car ces deux termes, qui sont distants l'un de l'autre d'environ trente-deux lieues, sont situés à peu près dans un même méridien, et l'on avait su, par plusieurs courses faites exprès, qu'ils pouvaient être liés par des triangles avec le grand chemin de Villejuive à Juvisy, lequel chemin étant pavé en droite ligne, sans aucune inégalité considérable, et d'une longueur telle qu'on verra ci-après, est propre pour servir de base fondamentale à toute la mesure qu'on avait entreprise.

» Pour mesurer actuellement la longueur de ce chemin, on choisit quatre bois de piques, de deux toises chacun, qui, se joignant vis à vis deux à deux par le gros bout, faisaient deux mesures de quatre toises chacune.

» L'ordre que l'on garda en mesurant fut que, lorsqu'une des mesures avait été posée à terre, on y joignait l'autre bout à bout, le long d'un grand cordeau, puis on relevait la première, et ainsi de suite. Et pour compter avec plus de facilité on avait donné dix fiches à celui des mesureurs qui s'était rencontré la première fois à la tête des deux mesures, lequel devait laisser une fiche à chaque fois qu'il poserait la mesure à terre; ainsi chaque fiche valait huit toises, et quand les dix fiches avaient été relevées, on marquait 80 toises.

» C'est ainsi qu'on a mesuré deux fois la distance depuis le milieu du moulin de Villejuive, tout le long du grand chemin, jusqu'au pavillon de Juvisy, laquelle distance a été trouvée de 5662 toises 5 pieds en allant, puis de 5663 toises 1 pied en revenant. Mais comme on n'espérait pas pouvoir approcher plus près de la justesse, on a partagé le différend, s'arrêtant au compte rond de 5663 toises pour la longueur de la ligne ou base fondamentale sur laquelle nous avons établi tous les calculs ci-après. Sur la fin de l'ouvrage nous avons vérifié le tout par une seconde base de 3902 toises actuellement mesurée comme la première.

» La toise dont nous venons de parler, et que nous avons choisie comme la mesure la plus certaine et la plus usitée en France, est celle du grand Châtelet de Paris. Elle est de 6 pieds, le pied contient 12 pouces et le pouce 12 lignes. Mais de peur qu'il n'arrive à notre toise comme à toutes les mesures anciennes dont il ne reste plus que le nom, nous l'attacherons à un original, lequel étant tiré de la nature même, doit être invariable et universel.

» Pour cet effet, on a déterminé très exactement avec deux grandes horloges à pendule la longueur d'un pendule simple dont chaque vibration ou agitation libre était d'une seconde de temps, conformément au moyen mouvement du Soleil, laquelle longueur s'est trouvée de 36 pouces 8 lignes et $\frac{1}{29}$, selon la mesure du Châtelet de Paris.

» On a fait à Londres, à Lyon et à Bologne, en Italie, quelques expériences d'où il semble que l'on pourrait conclure que les pendules doivent être plus courts à mesure qu'on avance vers l'équateur, conformément à la conjecture qui avait été déjà proposée dans l'Assemblée, que, supposé le mouvement de la Terre, les poids devraient descendre avec moins de force sous l'équateur que sous les pôles ; mais nous ne sommes pas suffisamment informé sur la justesse de ces expériences pour en conclure quelque chose.

» La longueur de la toise de Paris et celle du pendule à seconde, telle que nous l'avons établie, seront soigneusement conservées dans le magnifique Observatoire que Sa Majesté fait bâtir pour l'avancement de l'Astronomie *. »

Nous avons voulu reproduire tout ce passage comme document historique. L'abbé Picard ad-

* Picard, *Mesure de la Terre*, La Haye, 1731.

mettait le mouvement de la Terre sans l'affirmer ; il en était de même de Cassini et de toute l'Académie des sciences sous Louis XIV : les preuves de ce mouvement ne paraissaient pas encore complètement faites. La science date d'hier.

La base ainsi mesurée entre Malvoisine, au sud de Paris, et Amiens, au nord, donna 1° 22′ 55″ ce qui conduisit aux nombres suivants pour la mesure de la Terre :

Diamètre de la Terre. . .	6.538.594	toises
Circonférence.	20.541,600	—

Cassini II et Cassini III continuèrent l'œuvre de Picard, et la triangulation complète de la France se fit graduellement. On mesura ainsi toutes les parties du monde. Au commencement de ce siècle, Méchain et Delambre, Biot et Arago, tracèrent la méridienne de Dunkerque à Barcelone et en Espagne, mais à travers quels obstacles !

En France, disait récemment à ce propos M. H. Poincaré *, Delambre avait à lutter contre le mauvais vouloir de municipalités soupçonneuses. On sait que les clochers, qui se voient

* Société Astronomique de France, décembre 1900.

de si loin, et qu'on peut viser avec précision, servent souvent de signaux aux géodésiens. Mais dans le pays que Delambre traversait, il n'y avait plus de clochers. Je ne sais quel proconsul avait passé par là, et il se vantait d'avoir fait tomber tous les clochers qui s'élevaient orgueilleusement au-dessus de l'humble demeure des sans-culottes.

On éleva alors des pyramides de planches qu'on recouvrit de toile blanche pour les rendre plus visibles. Ce fut bien autre chose : de la toile blanche ! Quel était ce téméraire qui, sur nos sommets récemment affranchis, osait arborer l'odieux étendard de la contre-révolution? Force fut de border la toile blanche de bandes bleues et rouges.

Méchain opérait en Espagne; les difficultés étaient autres, mais elles n'étaient pas moindres. Les paysans espagnols étaient hostiles. Là, on ne manquait pas de clochers; mais s'y installer avec des instruments mystérieux et peut-être diaboliques, n'était-ce pas un sacrilège? Les révolutionnaires étaient les alliés de l'Espagne, mais c'étaient des alliés qui sentaient un peu le fagot

« Sans cesse, écrit Méchain, on menace de venir nous égorger. » Heureusement, grâce aux exhortations des curés, aux lettres pastorales des évêques, ces farouches Espagnols se contentèrent de menacer.

Méchain mourut en 1804. Arago et Biot terminèrent l'œuvre en 1807.

Grâce à l'appui du gouvernement espagnol, à la protection de plusieurs évêques — et surtout à celle d'un célèbre chef de brigands, — les opérations avancèrent assez vite. Elles étaient heureusement terminées, et Biot était rentré en France, quand la tempête éclata.

C'était le moment où l'Espagne entière prenait les armes pour défendre contre nous son indépendance. Pourquoi cet étranger montait-il sur les montagnes pour faire des signaux? C'était évidemment pour appeler l'armée française. Arago ne put échapper à la populace qu'en se constituant prisonnier. Dans sa prison, il n'avait d'autre distraction que de lire dans les journaux espagnols le récit de sa propre exécution. Les journaux de ce temps-là donnaient quelquefois des nouvelles prématurées. Il eût du moins la consolation d'apprendre qu'il était mort avec courage et chrétiennement.

La prison elle-même n'était plus sûre; il dut s'évader et gagner Alger. Là, il s'embarque pour

Marseille sur un navire algérien. Ce navire est capturé par un corsaire espagnol et voilà Arago ramené en Espagne et traîné de cachot en cachot, au milieu de la vermine et dans la plus affreuse misère.

S'il ne s'était agi que de ses sujets et de ses hôtes, le dey n'aurait rien dit. Mais il y avait à bord deux lions, présent que le souverain africain envoyait à Napoléon. Le dey menaça de la guerre. Le navire et les prisonniers furent relâchés. Le point aurait dû être correctement fait, puisqu'il y avait un astronome à bord; mais l'astronome avait le mal de mer, et les marins algériens, qui voulaient aller à Marseille, abordèrent à.., Bougie. De là, Arago se rendit à Alger, traversant à pied la Kabylie au milieu de mille périls. Longtemps il fut retenu en Afrique et menacé du bagne. Enfin, il put revenir en France; ses observations, qu'il avait conservées sous sa chemise, et, ce qui est plus extraordinaire, ses instruments, avaient traversé sans dommage ces terribles aventures.

Le général Perrier a exécuté avec succès une entreprise vraiment audacieuse, la jonction de l'Espagne et de l'Afrique. Des stations de lumière électrique furent installées sur quatre sommets, sur les deux rives de la Méditerranée, d'une part au mont Mulhacen près Barcelone, d'autre part au mont M'Sabiha, département d'Oran. Pendant de longs mois, on attendit une atmosphère calme et limpide. Enfin on aperçut le mince filet de lumière qui avait parcouru 280 kilomètres au-dessus des mers. L'opération a été exécutée au mois de septembre 1879.

Aujourd'hui on a conçu des projets plus hardis encore. D'une montagne voisine de Nice, on enverra des signaux en Corse, non plus en vue de déterminations géodésiques, mais pour mesurer la vitesse de la lumière. La distance n'est que de 200 kilomètres ; mais le rayon lumineux devra faire le voyage aller et retour, après s'être réfléchi sur un miroir placé en Corse. Et il ne faudra pas qu'il s'égare en route ; car il doit revenir exactement au point de départ.

L'avenir de la géodésie française est actuellement entre les mains du service géographique de l'armée, dirigé par M. le général Bassot.

L'Association géodésique internationale a reconnu la nécessité d'une mesure nouvelle de l'arc de Quito, déterminé jadis par La Condamine,

C'est la France qui est chargée de cette opération.

Toutes les parties du monde ont été successivement mesurées. Le résultat de cet ensemble de mesures est que la Terre n'est pas parfaitement ronde, mais aplatie à ses pôles de $\frac{1}{293}$. L'arc d'un degré du méridien, qui est de 111.205 mètres à Paris, n'est que de 110.563 mètres à l'équateur et s'élève à 111.707 mètres vers le pôle. Le tour du monde, à l'équateur, est de 40.076.625 mètres. La distance d'ici au centre de la Terre est de 6.371.100 mètres. La superficie du globe est de 510.082.000 kilomètres carrés.

Le mètre légal est la dix-millionième partie du quart du méridien terrestre, c'est-à-dire d'un grand cercle de la sphère passant par les pôles. Mais d'après les mesures géodésiques modernes, ce mètre légal est trop court de 2 dixièmes de millimètre. Le quart du méridien est de 10.002,008 mètres.

Tel est l'historique des méthodes employées pour mesurer la Terre.

COMMENT ON A PESÉ LA TERRE

Nous avons exposé les méthodes aussi simples qu'ingénieuses qui ont conduit à la détermination précise du diamètre, de la circonférence et du volume de notre globe, méthodes qui appartiennent entièrement à la science astronomique, puisque c'est par les distances zénithales du soleil et des étoiles que l'on a mesuré les arcs terrestres d'où les dimensions de la sphère ont été conclues. On nous a exprimé également le désir de voir exposer sous une forme compréhensible pour tout le monde les méthodes à l'aide desquelles la science est parvenue à déterminer avec précision le poids de la Terre en kilogrammes, et même à peser la Lune, le Soleil, les planètes et déjà un certain nombre d'étoiles.

Commençons par le commencement, par la

Terre. Les anciens pensaient déjà que « la Terre est lourde », et ils la croyaient même plus lourde qu'elle n'est, puisqu'ils la prolongeaient jusqu'aux enfers, en des fondations inaccessibles, et qu'ils lui faisaient supporter le ciel. Elle était, en quelque sorte, la base de tout. Ce n'est qu'à partir de l'époque où l'on eut reconnu son isolement dans l'espace que l'on songea à son poids réel. Il y a près de deux mille ans, Plutarque, exposant les opinions des philosophes de son temps, parle comme il suit dans son ouvrage sur la Lune :

« Des poids de mille talents, qui tomberaient dans le sein de la terre, arrivés au centre, s'y arrêteraient, quand même ils ne rencontreraient aucun corps qui les retînt; et si la violence de leur chute leur faisait passer ce milieu, ils remonteraient sur-le-champ et viendraient se fixer à ce centre.

» Un torrent impétueux qui, coulant sous terre, arriverait jusqu'au centre, y serait arrêté, et, tournant comme autour d'un pôle, resterait perpétuellement suspendu.

» Si donc il était possible qu'un homme eût son nombril placé précisément au centre de la terre, il aurait en même temps la tête et les pieds en haut. »

Ce raisonnement est parfaitement exact. Il n'y a ni haut ni bas, dans l'Univers. Le centre du globe est le point auquel tendent toutes les attractions, tout autour du globe, et nos antipodes ont la tête en haut aussi bien que nous. Mais il a fallu de longs siècles pour établir ces vérités, et Plutarque, tout en les rapportant comme des hypothèses curieuses, ne les admet pas.

Si l'on pouvait percer la Terre par un puits qui la traversât diamétralement de part en part, un curieux qui se pencherait un peu trop au bord de ce puits et qui y tomberait arriverait au centre du globe en 19 minutes et 10 secondes, avec une vitesse de 9546 mètres par seconde, qui serait suffisante pour le faire remonter de l'autre côté. De là, il retomberait de nouveau vers le centre, qu'il dépasserait encore en vertu de la vitesse acquise, et, après une série d'oscillations, finirait par s'y arrêter juste par le milieu du corps ; il y resterait, en effet, avec la tête et les pieds en haut, comme l'homme de Plutarque, et comme le Lucifer du Dante, que le poète représente également en cette position singulière « au point où les poids gravitent de toutes parts. » Au centre de la Terre, tous les poids s'annulent.

Il faut arriver jusqu'aux temps modernes pour assister à des expériences satisfaisantes sur la détermination du poids de la Terre. A la fin du dix-septième siècle, Newton démontra la loi de gravitation et l'on sut dès lors que, si le Soleil faisait tourner la Terre autour de lui, c'est parce que sa masse, ou sa quantité de matière, est plus grande que celle de notre globe, et que si au contraire la Lune obéit à la Terre en gravitant autour d'elle, c'est parce qu'elle est plus légère que notre globe. Newton détermina aussi les proportions de ces masses, en établissant que l'attraction s'exerce en raison directe des masses et en raison inverse du carré des distances.

Ce principe de l'équivalence de l'attraction avec la pesanteur conduisait naturellement à penser qu'un objet quelconque en relief à la surface de la Terre, tel qu'une montagne par exemple, doit influencer le poids d'un petit corps. Mais notre globe est si immense relativement aux montagnes même les plus grosses, que l'expérience est d'une délicatesse extrême. Elle a été essayée pour la première fois en 1738, par Bouguer et La Condamine, au Pérou, près du Chimborazo, montagne de 6,250 mètres de hauteur. Les observateurs trouvèrent, en effet, une déviation dans le fil à plomb, mais très faible. L'imperfection des instruments, la rigueur du climat, la violence du vent rendaient d'ailleurs la réussite bien difficile.

Le principe de la méthode se comprend facilement. Supposons qu'on ait mesuré la déviation du fil à plomb dans le voisinage d'une montagne isolée, dont il soit possible d'évaluer avec quelque précision le volume et le poids, la grandeur de la déviation permettra de calculer le rapport dans lequel la masse de la montagne est à la masse de la Terre, et, les volumes des deux masses étant connus, on pourra en conclure le rapport de leurs densités.

Un calcul analogue pourra être fait lorsque l'on aura compté les oscillations d'un pendule au sommet et au pied d'une haute montagne. En transportant le pendule au sommet, on s'éloigne du centre du globe et l'on doit perdre quelques oscillations par jour ; mais l'attraction de la montagne compense en partie la diminution de pesanteur qui dépend de l'altitude, et l'on a ainsi le moyen de comparer sa masse à celle de la terre.

La méthode de Bouguer a été utilisée avec un plein succès, en 1774, par l'astronome anglais Maskelyne. Ce dernier avait choisi pour ses expériences le mont Shehallien en Écosse ; c'est une montagne complètement isolée, dont la constitution géologique est connue et la forme peu compliquée, ce qui simplifie les calculs.

Maskelyne détermina d'abord, par l'observation des étoiles qui passaient près de son zénith, les latitudes de deux stations prises l'une au sud et l'autre au nord de la montagne, et dont la distance horizontale, mesurée par une triangulation, était de 1,330 mètres. La différence des deux latitudes astronomiques fut trouvée égale à 43″ au lieu de 54″6 que donnait la distance mesurée ; l'excès de 11″ représentait la somme des déviations exercées par le Shehallien sur les deux faces opposées.

Il restait à relever le relief exact de la montagne, à en évaluer le volume, la densité, le poids total, et à calculer à l'aide de ces éléments la valeur théorique de l'attraction qu'elle devait exercer sur le fil à plomb aux deux stations. C'est le géologue Hutton qui se chargea de cette besogne; elle prit trois années. Le résultat de ces calculs fut que la déviation observée s'expliquait en supposant que la densité moyenne de la montagne était, à celle du globe terrestre, comme 5 est à 9, ce qui indiquait pour la densité de la Terre, dans son ensemble, à peu près cinq fois la densité de l'eau.

Le problème a été repris d'une autre façon, en 1798, par Cavendish. Ce savant, fils cadet du duc de Devonshire, avait peu de goût pour les banalités mondaines et beaucoup d'aptitudes pour les sciences. Sa famille le négligea et le laissa à peu près sans ressources. Le travail le conduisit à devenir un des premiers chimistes de son temps, et lorsqu'il fut célèbre, un de ses oncles l'adopta en lui laissant un héritage de 300,000 livres de rentes. Il laissa lui-même, lorsqu'il mourut, âgé de 77 ans, une fortune de 30 millions. Cavendish devint ainsi le plus riche de tous les savants, et probablement aussi le plus savant de tous les riches.

Voici le principe de l'expérience de Cavendish. Une grosse boule de plomb, très lourde, doit influencer une petite boule très légère. Cavendish suspendit aux extrémités du levier horizontal d'une sorte de balance deux petites boules de plomb, et aux extrémités du levier d'une autre balance combinée avec la première et ayant le même centre, deux énormes boules de plomb pesant chacune 158 kilos. Le tout était enfermé dans une sorte de cage, à l'abri de tout courant d'air. Par un mécanisme manœuvré de l'extérieur, on pouvait à volonté approcher ou éloigner les grosses boules des petites, et, à l'aide d'une lunette, observer les moindres mouvements des petites boules et du levier auquel elles étaient suspendues. Il arriva que chaque fois que les grosses boules approchaient des petites, celles-ci étaient attirées vers elles et faisaient tourner le fil métallique auquel le levier était attaché. Le degré de torsion du fil indiquait l'influence des grosses boules en fraction de la pesanteur.

Cette attraction des deux grosses boules sur les petites étant ainsi déterminée, sa comparaison avec celle que la Terre exerce sur les petites, autrement dit avec le poids de ces petites boules, donne le rapport entre les masses des grosses boules et celle de notre globe. Le calcul donna à Cavendish le chiffre 5,48 pour la densité de la Terre, celle de l'eau étant prise pour unité.

L'expérience de Cavendish a été refaite en 1873 et 1878 par MM Cornu et Braille, dans une cave de l'École Polytechnique à Paris. Les petites boules, en cuivre, pèsent chacune 109 grammes ; la masse attirante est formée de 12 kilos de mercure contenus dans deux sphères creuses de fonte ; le levier de la balance de torsion est un léger tube d'aluminium, et ses moindres mouvements s'enregistrent électriquement. Cette nouvelle expérience a donné 5,53 pour la densité de notre planète.

Ce sont là les principales expériences. Elles ont été faites également par d'autres savants. Toutes s'accordent pour établir que la densité moyenne du globe sur lequel nous vivons est voisine de 5,50.

De là à conclure le poids en kilogrammes, il n'y a qu'un pas bien facile à franchir. Le volume de la Terre étant de 1.083.260 millions de kilomètres cubes, si notre planète était une boule d'eau, elle pèserait 1.083 260 quintillions de kilogrammes. Puisqu'elle est cinq fois et demie plus dense, elle pèse 5.937.930 quintillions de kilos.

Nous verrons dans la suite de ce petit livre comment on a pesé le Soleil, la Lune, les planètes, et un certain nombre d'étoiles.

COMMENT ON A MESURÉ LES DISTANCES DE LA LUNE ET DU SOLEIL

Nous avons exposé en deux précédents chapitres comment on a mesuré et comment on a pesé la Terre. Il nous reste à montrer, pour compléter cette esquisse élémentaire des fondements de l'astronomie, comment on détermine les distances des astres et comment on pèse ces mondes inaccessibles.

Les méthodes employées pour ces dernières mesures sont aussi simples que les précédentes et ne sont pas plus difficiles à comprendre.

Tout le monde sait que plus un objet est éloigné de notre œil et plus il paraît petit. La géométrie fait connaître les proportions de cette diminution selon la distance. Tout objet éloigné à 57 fois son diamètre est vu sous un angle d'un degré. Par exemple, une sphère d'un mètre de diamètre mesure juste un degré si on la voit à 57 mètres de distance.

Tout le monde sait aussi, d'autre part, qu'un degré c'est la 360e partie d'une circonférence quelconque. Sur une table de 3 mètres 60 de circonférence, un degré est représenté par un centimètre. C'est un angle d'un degré vu du centre de la table, c'est-à dire d'un mètre dix centimètres.

Si la table était du double plus grande, un degré y serait représenté par deux centimètres, mais ce ne serait toujours qu'un degré.

Qu'un angle soit mesuré à un mètre, dix mètres, cent mètres de nous, ou dans le ciel même à des distances inaccessibles, c'est toujours le même angle.

Eh bien! mesurez le diamètre de la Lune: vous trouverez qu'il a un peu plus d'un demi-degré; si c'était un demi-degré juste, nous en conclurions que la Lune est éloignée de nous à une distance de 114 fois son diamètre. Comme c'est un peu moins, le rapport indique que cette distance est de 110 fois ce diamètre.

Rien n'est donc plus simple, comme on voit.

Ainsi, par la seule mesure du diamètre de la Lune, nous savons qu'elle est éloignée à 110 fois son diamètre.

Pour connaître sa distance en kilomètres, il n'y a donc qu'à savoir combien son diamètre mesure de kilomètres.

On y est arrivé par le moyen suivant :

Deux observateurs se placent aussi loin que possible l'un de l'autre, pour avoir la plus grande base de triangle qu'on puisse tracer sur la Terre. L'un, par exemple, est en Europe, et l'autre, au bout de l'Afrique australe. Ils observent la Lune en même temps et forment ainsi un triangle dont la base est représentée par la distance qui les sépare et dont les deux grands côtés vont se rejoindre sur notre satellite. On voit que c'est exactement la même opération géométrique employée en arpentage pour mesurer la distance d'un point à un autre point inaccessible.

C'est précisément ce qui a été fait en 1751 et 1752 par deux astronomes français, Lalande et Lacaille, le premier étant à Berlin, le second au cap de Bonne-Espérance. La combinaison des observations montre que l'angle formé au centre du disque lunaire par le demi-diamètre de la Terre est de 57 minutes d'arc (presque un degré). C'est ce qu'on appelle la parallaxe de la Lune.

Cette parallaxe de 57 minutes établit que la Terre est éloignée de la Lune à la distance de 60 fois environ son demi-diamètre (exactement 60,27). Nous savons, d'autre part, que ce demi-diamètre de la Terre est de 6371 kilomètres. Donc la distance de la Lune est de 6371 kilomètres multipliés par 60,27, c'est-à-dire de 384000 kilomètres.

On trouve, en même temps, par cette mesure, que le diamètre de la Lune vu de la Terre étant de un demi-degré environ (exactement 31′, tandis que celui de la Terre vu de la Lune est de 114′), le diamètre réel, en kilomètres, est à celui de la Terre dans le rapport de 273 à 1000. C'est un peu plus du quart. Le diamètre de la planète étant de 12742 kilomètres, celui du satellite est donc de 3484 kilomètres.

Cette distance et cette grandeur de la Lune sont établies par là avec une précision égale à celle des mesures terrestres les plus soignées. Il n'y a aucune exagération à affirmer, par exemple, que la distance du centre de la Terre au centre de la Lune est mieux déterminée, plus certaine, plus précise que celle de Paris à Rome ou à Pékin. Les astronomes sont les plus consciencieux des calculateurs, et jamais un commerçant mesurant dix ou vingt mètres d'un tissu précieux ou vendant un poids quelconque d'or, d'argent, de bonbons, de chocolat, de pain ou de viande, ne met à sa mesure l'honnêteté scrupuleuse de l'astronome dans ses travaux.

Tel est, sommairement, l'exposé de la méthode employée pour mesurer la distance de l'astre le plus proche, de notre voisine la Lune, qui n'est, comme on le voit, qu'à trente épaisseurs de Terre de nous : un pont de trente Terres y conduirait ; un train lancé à la vitesse d'un kilomètre par minute y arriverait en 384000 minutes, ou 640 heures, ou 26 jours 16 heures (et même moins en retranchant la distance des surfaces aux centres des deux astres) ; une dépêche télégraphique y arriverait en une seconde un quart. C'est à deux das d'ici, c'est un faubourg de notre planète.

*
* *

Les distances des autres astres ont été un peu plus difficiles à mesurer ; mais c'est toujours la même méthode qui a été employée. Seulement, la largeur du globe terrestre ne suffit plus pour former la base d'un triangle mené soit au Soleil, soit à une planète, soit surtout aux étoiles.

Pour le Soleil, qui est 385 fois plus éloigné de nous que la Lune, les deux lignes idéales menées des deux extrémités d'un diamètre de la Terre au centre du disque solaire se touchent tout du long, car, au départ de la Terre, l'intervalle qui les sépare n'est que la douze-millième partie de l'éloignement du Soleil. C'est comme si l'on prétendait construire un triangle en prenant pour base une ligne de un millimètre de longueur seulement, de chaque extrémité de laquelle on mènerait deux lignes droites jusqu'à un point placé à 12 mètres de distance.

Il a donc fallu tourner la difficulté. Comme la planète Vénus passe de temps en temps entre la Terre et le Soleil, on fait un double triangle, l'un des deux extrémités du diamètre de la Terre à Vénus, l'autre des deux extrémités du diamètre du Soleil à Vénus également. Ces deux triangles se touchent par la pointe sur Vénus et sont opposés l'un à l'autre. On a trouvé ainsi que le demi-diamètre de la Terre vu du Soleil mesure 8″82. C'est ce qu'on appelle la parallaxe du Soleil.

Nous avons vu plus haut qu'un objet qui mesure

un degré est éloigné de 57 fois sa longueur.

Un objet qui mesure une minute ou la 60e partie d'un degré est 60 fois plus éloigné, soit à 3.438 fois, en tenant compte des fractions.

Un objet qui soustend un angle d'une seconde, ou la 60e partie d'une minute, est éloigné de 206265 fois sa longueur. On trouve par là, avec la même certitude que précédemment, que la Terre est éloignée du Soleil à 23.385 fois son demi-diamètre, c.-à-d. à 149 millions de kil. Telle est la distance du Soleil.

Le train express dont nous parlions tout à l'heure, lancé à la vitesse constante d'un kilomètre par minute, emploierait donc 149 millions de minutes pour atteindre l'astre du jour, c'est-à-dire 2.483.300 heures, soit 103.472 jours, ce qui donne 283 ans. Partis aujourd'hui, les voyageurs n'arriveraient qu'à la fin du vingt-deuxième siècle, et ne reviendraient qu'au vingt-cinquième. Ce ne serait guère que la quatorzième génération qui pourrait rapporter des « nouvelles » de ce que la septième aurait vu...

Par contre, une dépêche télégraphique franchirait, comme la lumière, en 8 minutes 18 secondes, cette distance qui nous sépare du Soleil, et qui est le mètre de l'Univers.

COMMENT ON MESURE LES DISTANCES DES PLANÈTES ET DES ÉTOILES

Pour arriver à cette question, nous avons commencé, dans les précédents chapitres, par exposer la méthode, fort simple d'ailleurs, employée dans la détermination de la distance de la Lune et du Soleil. On se souvient qu'en principe, pour déterminer la première, les astronomes construisent un triangle en observant notre satellite de deux points terrestres aussi éloignés que possible l'un de l'autre, et que, pour calculer celle du Soleil, on s'est également servi d'une triangulation, en observant de plusieurs points de la Terre, très éloignés l'un de l'autre aussi, la planète Vénus lorsqu'elle passe devant l'astre radieux. Ce sont là des méthodes analogues à celles qui sont employées en arpentage pour mesurer la distance d'un point à un autre point inaccessible.

Il nous reste à montrer comment on a mesuré les distances des astres plus éloignés encore que le Soleil et la Lune, tels que les planètes et les étoiles. Mais auparavant il convient d'ajouter que pour la distance du Soleil on a employé, concurremment avec la méthode précédente, d'autres moyens de détermination dont les résultats sont d'ailleurs parfaitement concordants.

Ainsi, par exemple, deux méthodes de mesure de la distance du Soleil sont fondées sur la vitesse de la lumière. On a constaté que la lumière emploie un certain temps pour se transmettre d'un point à un autre et que pour venir, par exemple, de Jupiter à la Terre, elle emploie de 30 à 40 minutes, suivant la distance de la planète. En examinant les éclipses des satellites de Jupiter, on trouve qu'il y a seize minutes et trente-quatre secondes de différence entre les moments où elles arrivent lorsque Jupiter se trouve du même côté du Soleil que la Terre, et lorsqu'il se trouve du côté opposé. La lumière emploie donc seize minutes trente-quatre secondes pour traverser le diamètre de l'orbite terrestre, c'est-à-dire la moitié ou huit minutes dix-sept secondes pour venir du Soleil, situé au centre. Or, comme les physiciens (Foucault, Fizeau, Cornu, Newcomb) ont mesuré directement cette vitesse, et l'ont trouvée égale à 300000 kilomètres par seconde, on en conclut que la distance d'ici au Soleil est d'environ 149 millions de kilomètres.

Une autre méthode peut également donner cette distance ; elle est fondée aussi sur la vitesse de la lumière. Un exemple familier nous la fera comprendre tout de suite. Supposons-nous placés sous une pluie verticale ; si nous sommes immobiles, nous tiendrons notre parapluie verticalement ; si nous marchons, nous l'inclinerons devant nous ; et si nous courons, nous l'inclinerons davantage. Le degré d'inclinaison de notre parapluie dépendra du rapport de la vitesse de notre marche avec celle des gouttes de pluie. On observe le même effet en chemin de fer par les lignes obliques que trace la pluie sur les portières et dont l'obliquité est la résultante du mouvement du train combiné avec la chute des gouttes. Le même effet se produit pour la lumière. Les rayons de lumière tombent des étoiles à travers l'espace ; la Terre se meut avec une grande vitesse et nous sommes obligés d'incliner nos télescopes dans la direction vers laquelle nôtre planète se meut ; c'est le phénomène de l'aberration de la lumière, lequel montre que la vitesse de la Terre égale $\frac{1}{10.000}$ de celle de la lumière. On peut donc calculer par là la vitesse de notre globe, que l'on trouve ainsi être de 30 kilomètres par seconde ; on peut calculer la longueur de l'orbite parcourue en 365 jours, et finalement le diamètre de cette orbite, dont la moitié est précisément la distance du Soleil.

Une quatrième méthode est fournie par les mouvements de la Lune. La régularité du mouvement mensuel de notre satellite est combattue par l'attraction du Soleil ; or, comme l'attraction varie en raison inverse du carré de la distance, on conçoit qu'en analysant scrupuleusement l'action du Soleil sur la Lune on puisse arriver à connaître la distance du Soleil. C'est ce qu'ont fait Laplace et Hansen.

Nous pourrions encore signaler trois autres méthodes de mesure de la distance du Soleil ; mais nous ne faisons pas ici un cours d'astronomie et notre but n'est que d'exposer les grandes lignes.

Maintenant, comment a-t-on mesuré les distances des planètes de notre système ?

Le procédé est tout différent et non moins curieux par la précision de ses résultats. Son aspect est un peu plus rébarbatif pour les gens du monde ; mais ne vous effarouchez pas, les mathématiques ne sont pas un épouvantail et, pour un instant d'attention masculine et virile, on est largement récompensé. Les dames vont m'accuser de manquer de galanterie, mais ce n'est pas moi qui ai remarqué qu'il n'y en a guère qu'une sur dix qui ose regarder les chiffres en face; elles ont bien tort, car si elles voulaient s'en donner la coquetterie, elles constateraient que les chiffres, comme toutes choses en ce monde, obéiraient à leurs regards et à leurs pensées. La cervelle féminine pèse, dit-on, un peu moins que le cerveau masculin ; mais elle est si fine et si perspicace !

Et puis, qu'est-ce que le poids brutal dans l'exercice de l'intelligence ? Un cerveau de fourmi n'est-il pas remarquablement plus actif qu'un cerveau de mouton ?

Mais, revenons à nos moutons, c'est-à-dire au troupeau des planètes de notre système, à la mesure de leurs distances. Voici la fameuse et abracadabrante formule :

Les carrés des temps des révolutions des planètes autour du Soleil sont entre eux comme les cubes des distances.

Assurément, cette formule peut paraître inextricable à première vue. En fait, elle est aussi claire qu'un beau jour d'été.

Les carrés et les cubes en imposent bien innocemment. Qu'est-ce qu'un carré ? C'est tout simplement un nombre multiplié par lui-même.

Ainsi, deux fois deux font quatre : 4 est le carré de 2.

Trois fois trois font neuf : 9 est le carré de 3.

Quatre fois quatre font seize : 16 est le carré de 4.

Et ainsi de suite.

Vous voyez comme c'est simple.

Maintenant, qu'est-ce qu'un cube ? C'est un nombre multiplié deux fois par lui-même.

Ainsi 2 multiplié par 2 et encore par 2 égale 8. Donc 8 est le cube de 2.

$3 \times 3 \times 3 = 27$. Donc 27 est le cube de 3.

$4 \times 4 \times 4 = 64$. Donc 64 est le cube de 4.

Et ainsi de suite.

On voit que c'est beaucoup plus simple que la musique de Wagner. C'est du Lulli ou du Rossini.

Cette formule, qui relie les durées des révolutions des planètes à leurs distances, se comprendra tout de suite par un exemple :

Prenons Neptune. Cette planète est 30 fois plus éloignée du Soleil que nous. En multipliant 2 fois ce chiffre 30 par lui-même, on obtient 27000. Or, Neptune tourne autour du Soleil en 165 ans. C'est la durée de sa révolution. Si nous multiplions ce chiffre par lui-même, nous obtenons également le nombre 27000. Le carré du nombre 165 est égal au cube du nombre 30. Je donne ici les chiffres ronds, sans nous occuper des fractions.

Ainsi, les distances des planètes se concluent de leur durée de révolution.

Pour trouver la distance de Neptune, il suffit donc d'observer sa révolution et de dire :

1° La durée de révolution de Neptune est de 165 ans.

2° Le carré de 165 est 27000.

3° La distance de Neptune est donnée par le nombre dont le cube est 27000, c'est-à-dire par le nombre 30.

Donc, la distance de la Terre au Soleil étant de 149 millions de kilomètres et celle de Neptune étant 30 fois plus grande, cette distance est de 4470 millions de kilomètres.

Voilà tout. Ces lois harmonieuses qui régissent les mouvements du système du monde sont incomparablement moins compliquées que celles qui régissent la roulette, le trente et quarante, les petits chevaux, et même les grands ; d'autre part, leur étude est plus calme et moins périlleuse. Si tout le monde faisait un peu de science — oh ! si peu que ce soit, — les esprits seraient mieux équilibrés, et le monde physique et moral ne s'en porterait que mieux.

*
* *

Mais nous n'avons pas encore parlé des étoiles.

Ici, c'est notre première méthode, celle des triangulations, qui va nous servir.

En gravitant autour du Soleil à la distance de 149 millions de kilomètres (on voit que cette distance du Soleil est le mètre des mesures célestes et que sa précision a, par conséquent, la plus haute importance), la Terre se trouve à six mois de toutes les dates, le long de l'année, à 298 millions de kilomètres de distance du point où elle se trouvait six mois auparavant. Cette ligne de 298 millions de kilomètres peut servir de base à un triangle tracé de deux points opposés de l'orbite terrestre à une étoile.

Il s'agit donc d'observer attentivement la position absolue d'une étoile dans le ciel tout le long d'une année, et de combiner entre elles les positions prises à six mois d'intervalle.

On constate alors un léger déplacement apparent dû au changement de perspective de la marche de notre planète autour du Soleil. Ce déplacement est d'autant plus grand que l'étoile est plus proche. C'est ce que nous observons en chemin de fer, en voyant les arbres, les maisons, les objets, filer en sens contraire de notre mouvement, et d'autant plus rapidement qu'ils sont plus rapprochés de nous. C'est là un mouvement apparent dû à la perspective.

Mais les étoiles sont toutes si éloignées que leur déplacement annuel, dû à cette perspective, est presque insensible, et qu'il faut des instruments pour le reconnaître.

Dans tous les cas, ces mesures ont donné une

nouvelle preuve du mouvement de translation annuelle de notre planète autour du Soleil.

Elles sont si loin, ces étoiles, que la petite ellipse apparente décrite dans l'espace par suite de cet effet de perspective atteint à peine, et rarement, la largeur d'une seconde d'arc.

Qu'est-ce que cette grandeur d'une seconde d'arc?

C'est la grandeur d'un objet éloigné à 206265 fois son diamètre.

C'est un cercle d'un mètre vu à la distance de 206 kilomètres. Donc invisible à l'œil nu.

C'est l'épaisseur d'un cheveu, d'un dixième de millimètre, éloigné à 20 mètres.

A l'aide des instruments astronomiques et de grossissements de quelques centaines de fois, on peut observer le mouvement d'une étoile qui s'exécute tout entier dans cette épaisseur, et qui est moindre encore!

C'est cet angle, c'est-à-dire la grandeur apparente du demi-diamètre de l'orbite terrestre vu d'une étoile, que l'on appelle la *parallaxe* de cette étoile.

On n'a réussi à déterminer la distance des étoiles que depuis une cinquantaine d'années;

encore plusieurs résultats sont-ils bien douteux. Ce n'est guère que les plus récents qui peuvent inspirer une entière confiance.

L'une des étoiles dont la distance est la mieux connue est la plus proche. Elle appartient à la constellation australe du Centaure, et n'est pas visible de nos latitudes. Les mesures s'accordent pour lui donner comme parallaxe les trois quarts d'une seconde: 0″75.

Cette parallaxe prouve que la distance de cette étoile surpasse de 275.000 fois celle de la Terre au Soleil, et est, par conséquent, de 40 mille milliards de kilomètres.

Nous avons vu, en parlant de la distance du Soleil, qu'un train express lancé à la vitesse de 60 kilomètres à l'heure emploierait 149 millions de minutes, soit 283 ans, pour arriver au Soleil. Le même train n'atteindrait l'étoile la plus proche, Alpha du Centaure, qu'après une course ininterrompue de près de 75 millions d'années.

Et c'est notre étoile *voisine!*

Toutes les autres sont beaucoup plus éloignées.

Avec sa vitesse de 300.000 kilomètres par seconde, la lumière vole comme l'éclair, pendant 4 ans et 6 mois, pour nous venir de là.

Il y a des étoiles dont la lumière met cinquante ans, cent ans, mille ans, à nous arriver.

Il en est dont la lumière n'est pas encore arrivée à la Terre.

Il en est que nous voyons encore et qui sont éteintes depuis longtemps.

COMMENT ON PÈSE LES ASTRES

Il n'est pas très rare de rencontrer dans le monde des personnes qui croient très sincèrement à la réalité des choses les plus fausses et les plus impossibles, et qui, par contraste, se montrent d'un scepticisme bizarre pour les vérités scientifiques les mieux démontrées. Ce n'est pas pour ces êtres-là que cet article est écrit, car ils sont incapables d'aucune attention sérieuse et sont brouillés pour toute leur vie avec la logique comme avec la raison. Mais il en est d'autres, à l'esprit plus large et plus modeste à la fois, qui sont justement émerveillés des résultats prodigieux atteints par la science astronomique et qui souhaitent souvent pouvoir se rendre compte des méthodes employées pour résoudre ces grands problèmes. Il est facile de concevoir que lorsqu'un astronome affirme, par exemple, que le Soleil pèse, à lui seul, autant que 324.000 globes terrestres comme le nôtre réunis ensemble; que la Lune, au contraire, pèse 81 fois moins que la Terre, ou bien qu'un homme de 70 kilogrammes transporté à la surface de la planète Mars n'y pèserait plus que 26 kilos, il est facile de concevoir, dis-je, que l'on puisse être surpris de ces affirmations qui, en effet, semblent tenir du merveilleux. Cependant nous pouvons montrer que les méthodes employées dans l'étude de ces problèmes sont aussi simples et aussi claires pour l'esprit que celles dont nous avons parlé précédemment pour le calcul des distances célestes.

Voulons-nous savoir comment on a pesé le Soleil?

Voici un procédé d'une extrême simplicité :

La Lune est éloignée à 60 fois le demi-diamètre de la Terre, et tourne autour de nous en 27 jours 7 heures 43 minutes 11 secondes et demie. Si nous traçons à un moment quelconque un arc de sa circonférence mensuelle, et si nous menons une tangente à cet arc, nous voyons de combien la courbe décrite par la Lune dans l'espace s'éloigne de cette tangente, et nous constatons qu'au lieu de suivre une ligne droite elle s'en éloigne constamment pour se rapprocher de la Terre. Cet écart de la ligne droite, causé par l'attraction de notre planète, est de 1 millimètre un tiers par seconde.

Nous pouvons constater, d'autre part, en laissant tomber un objet, qu'à la surface de la Terre les corps parcourent en tombant $4^{m}90$ pendant la première seconde de chute.

La loi de l'attraction est la même à la distance de la Lune ou à la surface de la Terre. Nous avons vu que l'attraction diminue en raison de la distance multipliée par elle-même, autrement dit, du carré de la distance.

Si l'on pouvait élever une pierre à la hauteur de la Lune et l'abandonner à l'attraction de la Terre, elle tomberait pendant la première seconde de $4^{m}90$ divisés par le carré de 60, ou 3600, c'est-à-dire de 1 millimètre un tiers, précisément de la quantité dont la Lune s'écarte de la ligne droite qu'elle suivrait sans l'attraction de la Terre. Eh bien ! ce fait va nous servir à peser le Soleil.

Si, au lieu de porter une pierre à la distance de la Lune, à 60 fois le rayon de la Terre, nous la portions à la distance du Soleil, qui équivaut à 23200 fois ce rayon, de combien l'intensité de la pesanteur terrestre serait-elle diminuée à un pareil éloignement?

Cette diminution est donnée par le carré de la distance, c'est-à-dire par le nombre 23.200 multiplié par lui-même, soit par le nombre 538.240.000. Si nous divisons $4^{m}90$ par ce nombre, nous trouvons 9 millionièmes de millimètre. Ainsi, à la distance du Soleil, l'attraction de la Terre ne ferait tomber un corps vers nous que de cette faible quantité pendant la première seconde de chute.

Or, si nous traçons l'orbite annuelle décrite par la Terre autour du Soleil comme nous l'avons fait tout à l'heure pour l'orbite mensuelle de la Lune autour de la Terre, nous voyons que notre planète tombe par seconde de près de 3 millimètres vers le Soleil : de $2^{mm}9$.

L'attraction du Soleil surpasse donc celle de la Terre dans cette proportion, c'est-à-dire qu'elle est 324,000 fois plus forte que la nôtre.

C'est ainsi que l'on sait que la masse ou la quantité de matière contenue dans le Soleil, ou sa force attractive, surpasse de toute cette grandeur celle de notre pauvre petite planète.

Sans doute, il faut apporter un peu d'attention pour concevoir clairement cette méthode de mesure, mais franchement on voit qu'elle n'a absolument rien d'obscur. Autrefois, la querelle de la transsubstantiation, ou celle de la consubstantialité, qui ont agité et bouleversé tant d'esprits et fait verser tant de sang, étaient autrement impénétrables — et l'on avouera qu'elles ne nous ont pas appris grand'chose.

Mahomet, qui s'est battu pour plus d'un problème théologique, raconte quelque part qu'un jour un ange lui fit le grand plaisir de l'enlever par les cheveux jusqu'au delà du ciel de la Lune, et de le laisser ensuite retomber tranquillement vers la Terre.

Nous venons de voir qu'à la distance de la Lune le prophète ne serait redescendu que de 1 millimètre un tiers pendant la première seconde, et à la distance du Soleil de 9 millionièmes de millimètre.

Autant dire rien. La pesanteur n'étant qu'un effet de l'attraction d'un astre, — soleil, terre, lune, planète, étoile, — nous pouvons ajouter que, dans l'espace pur, il n'y a *plus de poids du tout!*

Supposons, par exemple, que le globe terrestre existe seul dans l'immensité. Posons-le dans le vide, n'importe où. Il y restera éternellement immobile, sans pouvoir bouger.

*
* *

Ce que nous venons de dire à propos du Soleil peut être appliqué à tous les astres. C'est par le mouvement d'un satellite autour d'eux qu'on les pèse tous. La force qui fait tourner la Terre autour du Soleil donne la mesure de la puissance de cet astre, comme celle de la main qui tient la fronde. Si le Soleil devenait plus faible, perdait de sa masse, s'usant en brûlant la Terre, il tournerait moins vite, et nos années seraient plus longues; si au contraire sa masse augmentait, par exemple par la chute d'étoiles filantes et d'uranolithes, notre planète serait emportée plus activement dans son tourbillon et nos années passeraient encore plus vite.

C'est par la comparaison des mouvements des satellites autour des planètes que l'on a trouvé que

Jupiter est 310 fois plus lourd que notre monde, Saturne 92 fois, Neptune 16 fois, Uranus 14 fois, tandis que Mars est moins lourd que nous (environ les 7 dixièmes).

Pour la Lune, qui n'a pas de satellite, on l'a pesée par d'autres méthodes, par exemple 1° en estimant le poids de l'eau de mer qu'elle soulève à chaque marée, ou en observant l'attraction de cet astre sur le globe terrestre : quand la Lune est en avant de nous, au dernier quartier, elle nous fait marcher plus vite ; quand elle est en arrière, au premier quartier, elle nous retarde, etc. Les diverses méthodes s'accordent pour prouver que notre satellite est 81 fois moins lourd que notre globe.

L'attraction universelle régit tous les mondes en un merveilleux équilibre.

Et quelle sensibilité !

Lorsque la Lune passe au-dessus de nos têtes, nous pesons 8 milligrammes de moins que lorsqu'elle est à l'horizon.

On a pesé les planètes Vénus et Mercure, qui n'ont pas de satellites, par les perturbations qu'elles exercent sur la Terre, à des millions de kilomètres de distance, ainsi que sur les vaporeuses comètes qui s'aventurent dans leurs parages. On sait ainsi que Vénus pèse un peu moins que notre globe (les 8 dixièmes) et Mercure beaucoup moins encore (les 6 centièmes seulement).

Nous avons vu dans un chapitre précédent que le globe sur lequel nous habitons pèsé 5.957.930 quintillions de kilos :

5.957.930.000.000.000.000.000.000.

Donc le Soleil pèse :

1.930.369.320.000.000.000.000.000.000.000.

Et la Lune :

77 sextillions de kilos seulement.

Le petit monde de Mars pèse :

62.5590 quintillions de kilos. La pesanteur est si faible à sa surface que les corps n'y tombent que très lentement. Un désespéré de la vie n'arriverait jamais à se suicider en se jetant du haut d'une tour martienne analogue à la tour Eiffel.

*
* *

C'est ainsi que les astronomes ont pesé le Soleil, la Lune et les planètes. Comment ont-ils pesé les *étoiles?*

Par une méthode analogue, par l'étude de l'influence de l'attraction sur les mouvements. On n'a pu encore le faire que pour les étoiles doubles dont la distance est connue.

Pour donner une idée de cette méthode, je prendrai pour exemple une petite étoile double que j'ai pesée moi-même.

Cette étoile appartient à la constellation d'Ophiuchus et n'a pas de nom, parce qu'elle est peu brillante; elle porte simplement un numéro : 70. C'est un astre de 4e grandeur, une étoile double composée de deux, de 4e 1/2 et 6e, qui tournent l'une autour de l'autre en 92 ans et 9 mois. Sa distance surpasse de 1.400.000 fois celle du Soleil. A cet immense éloignement, le grand axe de l'orbite de ce système, qui est de 9",76, représente 8.600 millions de kilomètres, et la moitié, ou la distance moyenne qui sépare ces deux soleils, représente 4.300 millions de kilomètres. C'est un peu moins que la distance de Neptune au Soleil. Or nous savons par les principes de la Mécanique céleste que plus un soleil est lourd, plus il est énergique, et plus il fait tourner vite un corps qui gravite autour de lui. Si le soleil double d'Ophiuchus avait la même masse que notre soleil, la petite étoile tournerait autour de la grande à peu près dans le même temps que Neptune emploie à parcourir sa révolution autour du Soleil, c'est-à-dire 164 ans (un peu moins, puisque la distance est un peu moindre). Mais la révolution n'est, disons-nous, que de 92 ans et 9 mois. Nous en concluons, par une proportion mathématique, que *le soleil d'Ophiuchus pèse presque trois fois plus que celui qui nous éclaire*, sa masse étant à celle de notre soleil dans le rapport de 285 à 100. Comme nous savons d'autre part que le Soleil pèse 324.000 fois plus que la Terre, il en résulte que cette petite étoile que nos yeux distinguent à peine au milieu des constellations, pèse à peu près autant que *neuf cent vingt-trois mille globes terrestres réunis ensemble*. Tout simple qu'il est, ce fait n'est pas sans éloquence.

En général, les étoiles sont plus volumineuses et plus lourdes que le Soleil, c'est-à-dire, des milliers et des milliers de fois plus volumineuses et plus lourdes que notre planète.

La Terre n'est qu'un point flottant dans l'univers immense.

LA PESANTEUR SUR LES AUTRES MONDES

« Permettez-moi, me disait l'autre jour une femme fort intelligente et d'une très remarquable érudition, permettez-moi de douter de l'une de vos affirmations. Je crois aux certitudes de l'astronomie. Mais lorsque vous nous affirmez qu'un kilogramme transporté sur la planète Mars ne pèserait plus que 376 grammes, et qu'un homme du poids de 75 kilos n'en peserait plus que 28, je me demande s'il n'y a pas là un peu d'imagination. Comment peut-on savoir cela? »

Ce n'est pas pour la première fois que ce doute m'est exprimé, et je dois dire que c'est presque toujours par la plus élégante moitié du genre humain. On a dit que la substance qui compose le cerveau de la femme diffère un peu de la nôtre. Il paraît qu'elles ne pensent pas tout à fait comme nous, qu'elles raisonnent par le sentiment et les nerfs plutôt que par la logique, et qu'en général elles n'aiment guère les mathématiques. Un concile n'a-t-il pas décidé même que leur âme diffère tant de celle des évêques qu'elles n'ont aucun droit à l'immortalité ? Cependant il y a des filles d'Eve qui raisonnent très nettement, et celle dont je parle est précisément dans ce cas. C'est à elles que j'adresse cet article, les prévenant d'ailleurs que leur attention cérébrale va être mise néanmoins, comme tout à l'heure, à une rude épreuve.

Le poids des corps à la surface d'un globe céleste dépend de la masse de ce globe et de son diamètre.

Qu'est-ce que la masse d'un globe ? C'est la quantité de matière qu'il contient. Dans le langage ordinaire, on l'assimile au poids. Lorsque nous disons, par exemple, que le Soleil est 324.000 fois plus lourd que la Terre, cela signifie qu'il contient 324.000 fois plus de matière. Si l'on avait une balance assez gigantesque pour placer cet astre sur l'un des plateaux, il faudrait réunir 324.000 globes terrestres sur l'autre plateau pour lui faire équilibre.

Pour répondre à la question posée, nous devons donc d'abord rappeler ce que l'on a pu lire dans un chapitre précédent : comment on calcule la masse ou le poids d'un astre.

C'est ici que l'auteur réclame une attention très grave. C'est presque aussi compliqué que de la tapisserie.

Donc, voici la démonstration :

1° La Terre a la force de faire tourner la Lune autour d'elle en 27 jours 7 heures.

2° Si la Lune était à la distance du Soleil, c'est-à-dire 385 fois plus loin qu'elle n'est, elle tournerait en 569 ans, comme le veut la troisième loi de Képler que les lecteurs de ce petit livre connaissent : « Les carrés des temps sont entre eux comme les cubes des distances. »

3° A la distance du Soleil, cet astre a la force de nous faire circuler autour de lui en un an.

4° La force, l'énergie, la masse d'un corps se mesurent par les périodes multipliées par elles-mêmes. Multiplions donc 569 par lui-même. Nous trouvons 324.000.

5° Donc le Soleil est 324.000 fois plus fort que la Terre, autrement dit, a 324.000 fois plus de matière qu'elle, car ici, l'énergie et la quantité de matière, c'est synonyme.

Vous voyez, mesdames, qu'il n'y a vraiment là rien de bien compliqué, et que les chiffres ne sont pas aussi barbares qu'ils en ont l'air.

Mais, répondrez-vous, ce calcul ne nous fait pas connaître le poids d'un homme transporté sur Mars ou sur Jupiter.

Attendez la conclusion, qui est aussi simple que les prémisses.

Si, pour conserver notre exemple, le Soleil avait juste les dimensions de la Terre, un kilogramme transporté à sa surface y pèserait 324.000 kilos.

Mais ce globe est 108 fois plus large en diamètre que celui que nous habitons. Tout le monde sait aussi que l'attraction diminue selon le carré de la distance, c'est-à-dire selon la distance multipliée par elle-même. Puisqu'un corps placé à la surface du Soleil serait 108 fois plus éloigné du centre que sur un globe de la dimension de la Terre, l'intensité de la pesanteur y serait 108 multiplié par 108 ou 11.700 fois plus faible. Si nous divisons 324.000 par 11.700 nous trouvons 28. Donc, à la surface de cet astre, les corps sont 28 fois plus lourds qu'ici. Un homme du poids de 75 kilos y pèserait 2.000 kilos, et y serait instantanément aplati.... Mais il serait vaporisé avant d'arriver.

Le raisonnement que nous venons de faire pour le Soleil est applicable à tous les astres.

Voulons-nous, par exemple, connaître le poids des corps sur Jupiter?

Nous disons :

Jupiter fait tourner ses satellites très rapidement autour de lui, beaucoup plus vite que la Lune ne tourne autour de nous, presque 18 fois plus vite pour la même distance. Multiplions ce chiffre par lui-même, nous trouvons 310. Donc la masse de Jupiter est 310 fois supérieure à celle de notre planète; donc un kilogramme y pèserait 310 kilos si le diamètre de Jupiter était le même que celui de la Terre. Mais ce diamètre est plus grand, dans la proportion de 11 à 1. Le carré de 11 est 122. Divisons 310 par 122, nous trouvons deux un tiers. Nous *savons* donc par là que l'intensité de la pesanteur est deux fois un tiers plus forte sur Jupiter que sur la Terre et qu'un homme du poids de 75 kilos y pèserait là 172 kilos.

Nous trouvons, toujours par la même méthode, que la planète Mars pèse dix fois moins que la

Terre ; mais comme elle est plus petite, les objets n'y pèsent pas pour cela dix fois moins qu'ici. Le diamètre est environ la moitié de celui de notre globe (les 53 centièmes). En faisant le calcul, on trouve que l'intensité de la pesanteur est égale à 0,376 ; c'est-à-dire qu'un poids d'un kilogramme terrestre transporté là et pesé au dynanomètre n'y pèserait que 376 grammes, et qu'un être humain pesant ici 75 kilos en pèserait là 28.

Je prie maintenant mes lecteurs et surtout mes lectrices d'excuser l'aridité de ces causeries, qui sortent un peu des anecdotes amusantes de la vie publique ou privée, que l'on cherche d'habitude dans la presse quotidienne. Le spectacle du ciel ne nous offre ni drames, ni comédies, et les révolutions harmonieuses des astres ne sont pas soumises aux crises politiques qui troublent tous les peuples de notre minuscule planète. Ce qu'il était intéressant de montrer ici, c'est que malgré leur apparente témérité, certaines affirmations de la Science ne sont ni fantaisistes, ni imaginaires, mais fondées sur des calculs absolument précis.

APPENDICE

RAPPORT

DE

Ph. Fr. Na. FABRE-D'ÉGLANTINE

AU NOM DU COMITÉ DE L'INSTRUCTION PUBLIQUE *

(1792)

La régénération du peuple français, l'établissement de la République, ont entraîné nécessairement la réforme de l'ère vulgaire. Nous ne pouvions plus compter les années où les rois nous opprimaient, comme un temps où nous avions vécu. Les préjugés du trône et de l'église, les mensonges de l'un et de l'autre, souillaient chaque page du calendrier dont nous nous servions. Vous avez réformé ce calendrier, vous lui en avez substitué un autre, où le temps est mesuré par des calculs plus exacts et plus symé-

* Voir p. 119.

triques; ce n'est pas assez. Une longue habitude du calendrier grégorien a rempli la mémoire du peuple d'un nombre considérable d'images qu'il a longtemps révérées, et qui sont encore aujourd'hui la source de ses erreurs religieuses; il est donc nécessaire de substituer, à ces visions de l'ignorance, les réalités de la raison, et au prestige sacerdotal, la vérité de la nature. Nous ne concevons rien que par des images: dans l'analyse la plus abstraite, dans la combinaison la plus métaphysique, notre entendement ne se rend compte que par des images; notre mémoire ne s'appuie et ne se repose que sur des images. Vous devez donc en appliquer à votre nouveau calendrier, si vous voulez que la méthode et l'ensemble de ce calendrier pénètrent avec facilité dans l'entendement du peuple, et se gravent avec rapidité dans son souvenir.

Ce n'est pas seulement à ce but que vous devez tendre; vous ne devez, autant qu'il est en vous, laisser rien pénétrer dans l'entendement du peuple, en matière d'institution, qui ne porte un grand caractère d'utilité publique. Ce vous doit être une heureuse occasion à saisir, que de ramener par le calendrier, livre le plus usuel de tous, le peuple français à l'agriculture. L'agriculture est l'élément politique d'un peuple tel que nous, que la terre, le ciel et la nature regardent avec tant d'amour et de prédilection.

Lorsqu'à chaque instant de l'année, du mois, de la décade et du jour, les regards et la pensée du citoyen se porteront sur une image agricole, sur un bienfait de la nature, sur un objet d'économie rurale; vous ne devez pas douter que ce ne soit, pour la nation, un grand acheminement vers le système agricole, et que chaque citoyen ne conçoive de l'amour pour les présents réels et effectifs de la nature, qu'il savoure, puisque, pendant des siècles, le peuple en a conçu pour des objets fantastiques, pour de prétendus saints qu'il ne voyait pas, et qu'il connaissait encore moins. Je dis plus : les prêtres n'étaient parvenus à donner de la consistance à leurs idoles, qu'en attribuant à chacune quelque influence directe sur les objets qui intéressent réellement le peuple : c'est ainsi que saint Jean était le distributeur des moissons, et saint Marc le protecteur de la vigne.

Si, pour appuyer la nécessité de l'empire des images sur l'intelligence humaine, les arguments m'étaient nécessaires, sans entrer dans les analyses métaphysiques, la théorie, la doctrine et l'expérience des prêtres me présenteraient des faits suffisants.

Par exemple. Les prêtres, dont le but universel et définitif est et sera toujours de subjuguer l'espèce humaine et de l'enchaîner sous leur empire ; les prêtres instituaient-ils la commémoration des morts, c'était pour nous inspirer du dégoût pour les richesses terrestres et mondaines, afin d'en jouir plus abondamment eux-mêmes ; c'était pour nous mettre sous leur dépendance, par la fable et les images du purgatoire. Mais voyez ici leur adresse à se saisir de l'imagination des hommes, et à la gouverner à leur gré. Ce n'est point sur un théâtre riant de fraîcheur et de gaieté, qui nous eût fait chérir la vie et ses délices, qu'ils jouaient cette farce ; c'est le second de novembre qu'ils nous amenaient sur les tombeaux de nos pères ; c'est lorsque le départ des beaux jours, un ciel triste et grisâtre, la décoloration de la terre, et la chute des feuilles remplissaient notre âme de mélancolie et de tristesse ; c'est à cette époque que, profitant des adieux de la nature, ils s'emparaient de nous, pour nous promener à travers l'Avent et leurs prétendues fêtes multipliées, sur tout ce que leur impudence avait imaginé de mystique pour les prédestinés, c'est-à-dire, les imbéciles, et de terrible pour le pécheur, c'est-à-dire, le clairvoyant.

Les prêtres, ces hommes en apparence ennemis si cruels des passions humaines, et des sentiments les plus doux, voulaient-ils les tourner à leur profit ; voulaient-ils que l'indocilité domestique des jeunes amants, la coquetterie de l'un et de l'autre sexe, l'amour de la parure, la vanité, l'ostentation et tant d'autres affections du bel âge, ramenassent la jeunesse à l'esclavage religieux : ce n'est point dans l'hiver qu'ils l'attiraient à se produire en spectacle ; c'est dans les jours les plus beaux, les plus longs et les plus effervescents de l'année, qu'ils avaient placé, avec profusion, des cérémonies triomphales et publiques, sous le nom de *Fête-Dieu ;* cérémonies où leur habileté avait introduit tout ce que la mondanité, le luxe et la parure ont de plus séduisant : bien sûrs qu'ils étaient de la dévotion des filles, qui, dans ce jour, seraient moins surveillées ; bien sûrs qu'ils étaient que les sexes, plus à même de se mêler, de se montrer l'un à l'autre, que les coquettes, les vaniteuses, plus à même de se produire et de jouir de l'étalage nécessaire à leurs passions, avaleraient, avec le plaisir, le poison de la superstition.

Les prêtres enfin, toujours pour le bénéfice de

leur domination, voulaient-ils subjuguer complétement la masse des cultivateurs, c'est-à-dire, presque tout le peuple : c'est la passion de l'intérêt qu'ils mettaient en jeu, en frappant la crédulité des hommes par les images les plus grandes. Ce n'est point sous un soleil brûlant et insupportable qu'ils appelaient le peuple dans les campagnes ; les moissons alors sont serrées, l'espoir du laboureur est rempli ; la séduction n'eût été qu'imparfaite : c'est dans le joli mois de mai, c'est au moment où le soleil naissant n'a point encore absorbé la rosée et la fraîcheur de l'aurore, que les prêtres, environnés de superstition et de recueillement, traînaient les peuplades entières et crédules au milieu des campagnes ; c'est là que, sous le nom de *Rogations*, leur ministère s'interposait entre le ciel et nous ; c'est là, qu'après avoir à nos yeux déployé la nature dans sa plus grande beauté, qu'après avoir étalé la terre dans toute sa parure, ils semblaient nous dire, et nous disaient effectivement : « C'est nous, prêtres, qui avons reverdi ces campagnes ; c'est nous qui fécondons ces champs d'une si belle espérance ; c'est par nous que vos greniers se rempliront : croyez-nous, respectez-nous, obéissez-nous, enrichissez-nous ; sinon la grêle et le tonnerre, dont nous disposons, vous puniront de votre incrédulité, de votre indocilité, de votre désobéissance ». Alors le cultivateur, frappé par la beauté du spectacle et la richesse des images, croyait, se taisait, obéissait, et facilement attribuait à l'imposture des prêtres les miracles de la nature.

Telle fut parmi nous l'habileté sacerdotale ; telle est l'influence des images,

La commission que vous avez nommée pour rendre le nouveau calendrier plus sensible à la pensée et plus accessible à la mémoire, a donc cru qu'elle remplirait son but, si elle parvenait à frapper l'imagination par les dénominations, et à instruire par la nature et la série des images.

L'idée première qui nous a servi de base, est de consacrer, par le calendrier, le système agricole, et d'y ramener la nation, en marquant les époques et les fractions de l'année par des signes intelligibles ou visibles pris dans l'agriculture et l'économie rurale.

Plus il est présenté de stations et de points d'appui à la mémoire, plus elle opère avec facilité : en conséquence, nous avons imaginé de donner à chacun des mois de l'année un nom caractéristique, qui exprimât la température qui lui est propre, le genre de productions actuelles de la terre, et qui tout à la fois fît sentir le genre de saison où il se trouve dans les quatre dont se compose l'année.

Ce dernier effet est produit par quatre désinences affectées chacune à trois mois consécutifs, et produisant quatre sons, dont chacun indique à l'oreille la saison à laquelle il est appliqué.

Nous avons cherché même à mettre à profit l'harmonie imitative de la langue dans la composition et la prosodie de ces mots et dans le mécanisme de leurs désinences ; de telle manière que les noms des mois qui composent l'automne ont un son grave et une mesure moyenne, ceux de l'hiver un son lourd et une mesure longue, ceux du printemps un son gai et une mesure brève, et ceux de l'été un son sonore et une mesure large,

Ainsi, les trois premiers mois de l'année, qui composent l'automne, prennent leur étymologie : le premier des vendanges, qui ont lieu de septembre en octobre ; ce mois se nomme *vendémiaire ;* le second, des brouillards et des brumes basses qui sont, si je puis m'exprimer ainsi, la transsudation de la nature d'octobre en novembre ; ce mois se nomme *brumaire ;* le troisième, du froid, tantôt sec, tantôt humide, qui se fait sentir de novembre en décembre ; ce mois se nomme *frimaire.*

Les trois mois de l'hiver prennent leur étymologie, le premier, de la neige qui blanchit la terre de décembre en janvier ; ce mois se nomme *nivôse ;* le second, des pluies qui tombent généralement avec plus d'abondance de janvier en février ; ce mois se nomme *pluviôse ;* le troisième, des giboulées qui ont lieu, et du vent qui vient sécher la terre de février en mars ; ce mois se nomme *ventôse.*

Les trois mois du printemps prennent leur étymologie, le premier, de la fermentation et du développement de la sève de mars en avril : ce mois se nomme *germinal ;* le second, de l'épanouissement des fleurs d'avril en mai ; ce mois se nomme *floréal ;* le troisième, de la fécondité riante et de la récolte des prairies de mai en juin ; ce mois se nomme *prairial.*

Les trois mois de l'été enfin prennent leur étymologie, le premier, de l'aspect des épis ondoyants et des moissons dorées qui couvrent les champs de juin en juillet ; ce mois se nomme *messidor ;* le second, de la chaleur, tout à fois solaire et terrestre, qui embrase l'air de juillet en août ; ce mois se nomme *Thermidor ;*

le troisième, des fruits, que le soleil dore et mûrit d'août en septembre ; ce mois se nomme *fructidor*.

Ainsi donc les noms des mois sont :

AUTOMNE	HIVER
Vendémiaire.	Nivôse.
Brumaire.	Pluviôse.
Frimaire.	Ventôse.

PRINTEMPS	ÉTÉ
Germinal.	Messidor.
Floréal.	Thermidor.
Prairial.	Fructidor.

Il résulte de ces dénominations, ainsi que je l'ai dit, que, par la seule prononciation du nom du mois, chacun sentira parfaitement trois choses, et tous leurs rapports, le genre de saison où il se trouve, la température et l'état de la végétation. C'est ainsi que dès le premier de *germinal*, il se peindra sans effort à l'imagination, par la terminaison du mot, que le printemps commence ; par la construction et l'image que présente le mot, que les agents élémentaires travaillent ; par la signification du mot, que les germes se développent.

Après la dénomination des mois, nous nous sommes occupés des fractions du mois ; et nous avons vu que les fractions des mois, étant périodiques, et revenant trois fois par mois et trente-six fois par an, étaient déjà fort bien nommées *décades*, ou révolution de dix jours ; que ce mot générique convenait à une chose qui, trente-six fois répétée, ne pourrait être représentée à l'oreille par des images locales, sans entraîner de la confusion; que d'ailleurs des décades, n'étant que des fractions numériques, ne doivent avoir qu'une dénomination commune et numérique dans tout le cours de l'année, et qu'il suffit du nom du mois pour donner, à chaque période de trois décades, la couleur des images et des accidents des mois qui les renferment.

Quant aux jours, nous avons observé qu'ils avaient quatre mouvements complexes, qui devaient être empreints bien distinctement dans notre mémoire et présents à la pensée, de quatre manières différentes. Ces quatre mouvements sont le mouvement diurne ou le passage d'un jour à l'autre; le mouvement décadaire ou le passage d'une décade à l'autre; le mouvement mensiaire ou le passage d'un mois à l'autre; et le mouvement annuel ou la période solaire.

Le défaut du calendrier, tel que vous l'avez décrété, est de ne signaler les jours, les décades, les mois et l'année que par une même dénomination, par les nombres ordinaux; de sorte que le chiffre 1, qui n'offre qu'une quantité abstraite et point d'image, s'applique également à l'année, au mois, à la semaine et au jour, si bien qu'il a fallu dire, le premier jour de la première décade du premier mois de la première année; locution abstraite, sèche, vide d'idées, pénible par sa prolixité, et confuse dans l'usage civil, surtout après l'habitude du calendrier grégorien.

Nous avons pensé qu'à l'instar du calendrier grégorien, dont les sept jours de la semaine portent l'empreinte de l'astrologie judiciaire (préjugé ridicule qu'il faut rejeter), nous devions créer des noms pour chacun des jours de la décade ; nous avons pensé encore que puisque ces noms se répétaient chacun trente-six fois par an, il fallait les priver d'images, qui, locales pour leur essence, demeureraient sans rapport avec les trente-six stations de chacun de ces noms ; enfin, nous nous sommes aperçus que ce serait un grand appui pour la mémoire, si nous venions à bout, en distinguant les noms des jours de la décade des nombres ordinaux, de conserver néanmoins la signification de ces nombres dans un mot composé, de sorte que nous pussions profiter tout à la fois, dans le même mot, et des nombres, et d'un nom différent des nombres.

Ainsi nous disons pour exprimer les dix jours de la décade :

Primedi.	Sextidi.
Duodi.	Septidi.
Tridi.	Octidi.
Quartidi.	Nonidi.
Quintidi.	Décadi.

De cette manière, la différence de *primedi à duodi* exprime le passage du premier au second jour de la décade. Voilà le premier mouvement des jours : les nombres ordinaux, depuis 1 jusqu'à 30, expriment le troisième mouvement, le mouvement mensiaire ; la combinaison de ces nombres ordinaux avec les noms *primedi, duodi*, etc., exprime le second mouvement, le mouvement décadaire ; ainsi 11 du mois et *primedi* présenteront l'idée du premier jour de la seconde décade ; ainsi de suite.

L'avantage bien sensible que l'on va retirer de la conservation des nombres ordinaux, dans les composés *primedi, duodi, tridi,* etc., est que le quantième du mois sera toujours présent à la mémoire, sans qu'il soit besoin de recourir au calendrier matériel.

Par exemple, il suffit de savoir que le jour actuel est *tridi,* pour être certain que c'est aussi le 3 ou le 13, ou le 23 du mois, comme avec *quartidi,* le 4 ou le 14, ou le 24 du mois, ainsi de suite.

On sait toujours à peu près si le mois est à son commencement, à son milieu ou à sa fin : ainsi, l'on dira *tridi* est le 3 au commencement du mois, le 13 au milieu, le 23 à la fin.

Or ce calcul très simple ne pourrait s'effectuer, si les nombres ordinaux, qui sont ici les dénominateurs du quantième, n'entraient point dans la composition du nom des jours de la décade.

Il nous reste à exprimer le quatrième mouvement qui est le mouvement annuel. C'est ici que nous allons rentrer dans notre idée fondamentale, et puiser, dans l'agriculture, de quoi reposer la mémoire et répandre l'instruction rurale dans la supputation et le cours de l'année.

Il faut d'abord remarquer qu'il est deux manières de frapper l'entendement dans la composition d'un calendrier : on le frappe mémorialement et par la parole ; alors il faut que les divisions et les dénominations soient de nature à être retenues, comme on dit, par cœur, et c'est à quoi nous pensions avoir pourvu dans la dénomination des saisons, des mois et des jours de décade ; on frappe encore l'entendement par la lecture, et ici la mémoire n'a plus à opérer. Le calendrier étant une chose à laquelle on a si souvent recours, il faut profiter de la fréquence de cet usage, pour glisser parmi le peuple les notions rurales élémentaires, pour lui montrer les richesses de la nature, pour lui faire aimer les champs, et lui désigner, avec méthode, l'ordre des influences du ciel et des productions de la terre.

Les prêtres avaient assigné à chaque jour de l'année la commémoration d'un prétendu saint; ce catalogue ne présentait ni utilité ni méthode; il était le répertoire du mensonge, de la duperie ou du charlatanisme.

Nous avons pensé que la nation, après avoir chassé cette foule de canonisés de son calendrier, devait y retrouver en place tous les objets qui composent la véritable richesse nationale, les dignes objets, sinon de son culte, au moins de sa culture ; les utiles productions de la terre, les instruments dont nous nous servons pour la cultiver, et les animaux domestiques, nos fidèles serviteurs dans ces travaux; animaux bien plus précieux, sans doute, aux yeux de la raison, que les squelettes béatifiés tirés des catacombes de Rome.

En conséquence, nous avons rangé par ordre, dans la colonne de chaque mois, les noms des vrais trésors de l'économie rurale. Les grains, les pâturages, les arbres, les racines, les fleurs, les fruits, les plantes, sont disposés dans le calendrier, de manière que la place et le quantième que chaque production occupe est précisément le temps et le jour où la nature nous en fait présent.

A chaque *quintidi*, c'est-à-dire à chaque demi-décade, les 5, 15 et 25 de chaque mois, est inscrit un animal domestique, avec rapport précis entre la date de cette inscription et l'utilité réelle de l'animal inscrit.

Chaque *décadi* est marqué par le nom d'un instrument aratoire, le même dont l'agriculteur se sert, au temps précis où il est placé; de sorte que, par opposition, le laboureur, dans le jour de repos, retrouvera consacré, dans le calendrier, l'instrument qu'il doit reprendre le lendemain : idée ce me semble touchante, qui ne peut qu'attendrir nos nourriciers, et leur montrer enfin, qu'avec la république, est venu le temps où un laboureur est plus estimé que tous les rois de la terre ensemble, et l'agriculture comptée comme le premier des arts de la société civile.

Il est aisé de voir qu'au moyen de cette méthode, il n'y aura pas de citoyen en France, qui, dès sa plus tendre jeunesse, n'ait fait insensiblement, et sans s'en apercevoir, une étude élémentaire de l'économie rurale; il n'est pas même aujourd'hui de citadin, homme fait, qui ne puisse en peu de jours apprendre dans ce calendrier ce qu'à la honte de nos mœurs il a ignoré jusqu'à cette heure; apprendre, dis-je, en quel temps la terre nous donne telle production, et en quel temps telle autre. J'ose dire ici que c'est ce que n'ont jamais su bien des gens, très instruits dans plus d'une science urbaine, fastueuse ou frivole.

Je dois observer qu'il est un mois dans l'année où la terre est scellée, et communément couverte de neige, c'est le mois de *nivôse* : c'est le temps du repos de la terre; ne pouvant trouver sur sa surface de production végétale et agricole pour figurer dans ce mois, nous y avons substitué les productions, les substances du règne animal et minéral, immédiatement utiles à l'agriculture ; nous avons cru que rien de ce qui est précieux à l'économie rurale ne devait échapper aux hommages et aux méditations de tout homme qui veut être utile à sa patrie.

Il reste à vous parler des jours d'abord nommés *épagomènes*, ensuite *complémentaires*. Ce mot n'était que didactique, par conséquent sec, muet pour l'imagination ; il ne présentait au peuple qu'une idée froide, qu'il rend vulgairement lui-même par la périphrase de *solde de compte*, ou par le barbarisme de *définition*. Nous avons pensé qu'il fallait pour ces cinq jours une dénomination collective, qui portât un caractère national, capable d'exprimer la joie et l'esprit du peuple français, dans les cinq jours de fête qu'il célébrera au terme de chaque année.

Il nous a paru possible, et surtout juste, de consacrer par un mot nouveau l'expression de *sans-culotte* qui en serait l'étymologie. D'ailleurs, une recherche aussi intéressante que curieuse nous apprend que les aristocrates, en prétendant nous avilir par l'expression de *sans-culotte*, n'ont pas eu même le mérite de l'invention.

Dès la plus haute antiquité, les Gaulois, nos aïeux, s'étaient fait honneur de cette dénomination. L'histoire nous apprend qu'une partie de la Gaule, dite ensuite *Lyonnaise* (la patrie des Lyonnais), était appelée la Gaule culottée, *Gallia braccata :* par conséquent le reste des Gaules, jusqu'aux bords du Rhin, était la

Gaule non culottée ; nos pères dès lors étaient donc des sans-culottes. Quoi qu'il en soit de l'origine de cette dénomination antique ou moderne, illustrée par la liberté, elle doit nous être chère : c'en est assez pour la consacrer solennellement.

Nous appellerons donc les cinq jours collectivement pris les SANS-CULOTTIDES.

Les cinq jours des *sans-culottides*, composant une demi-décade, seront dénommés *Primedi*, *Duodi*, *Tridi*, *Quartidi*, *Quintidi*; et dans l'année bissextile le sixième jour *Sextidi* : le lendemain l'année recommencera par *Primedi*, premier de *Vendémiaire*.

Nous terminerons ce rapport par l'idée que nous avons conçue relativement aux cinq fêtes consécutives des *sans-culottides* ; nous ne vous en développerons que la nature. Nous vous proposerons seulement d'en décréter le principe et le nom, et d'en renvoyer la disposition et le mode à votre comité d'instruction.

Le *Primedi*, premier des *sans-culottides*, sera consacré à l'attribut le plus précieux et le plus relevé de l'espèce humaine, à l'*intelligence*, qui nous distingue du reste de la création. Les conceptions les plus grandes, les plus utiles à la patrie, sous quelque rapport que ce puisse être, soit dans les arts, les sciences, les métiers, soit en matière de législation, de philosophie ou de morale, en un mot, tout ce qui tient à l'invention et aux opérations créatrices de l'esprit humain, sera préconisé publiquement, et avec une pompe nationale, ce jour *Primedi*, premier des *sans-culottides*.

Cette fête s'appellera *la fête du Génie*.

Le *Duodi*, deuxième des *sans-culottides*, sera consacré à l'industrie et à l'activité laborieuse ; les actes de constance dans le labeur, de longanimité dans la confection des choses utiles à la patrie, enfin tout ce qui aura été fait de bon, de beau et de grand dans les opérations manuelles ou mécaniques, et dont la société peut retirer de l'avantage, sera préconisé publiquement et avec une pompe nationale, ce jour *Duodi*, deuxième des *sans-culottides*.

Cette fête s'appellera *la fête du Travail.*

Le *tridi*, troisième des *sans-culottides*, sera consacré aux grandes, aux belles, aux bonnes actions individuelles : elles seront préconisées publiquement et avec une pompe nationale ; cette fête s'appellera *la fête des Actions.*

Le *quartidi*, quatrième des *sans-culottides*, sera consacré à la cérémonie du témoignage public et de la gratitude nationale envers ceux qui, dans les trois jours précédents, auront été préconisés, et auront mérité les bienfaits de la nation ; la distribution en sera faite publiquement, et avec une pompe nationale, sans autre distinction entre les préconisés que celle de la chose même, et du prix plus ou moins grand qu'elle aura mérité.

Cette fête s'appellera *la fête des Récompenses.*

Le *quintidi*, cinquième et dernier des *sans-culottides*, se nommera *la fête de l'Opinion.*

Ici s'élève un tribunal d'une espèce nouvelle, et tout à la fois gaie et terrible.

Tant que l'année a duré, les fonctionnaires publics, dépositaires de la loi et de la confiance nationale, ont dû prétendre et ont obtenu le respect du peuple et sa soumission aux ordres qu'ils ont donnés au nom de la loi; ils ont dû se rendre dignes non seulement de ce respect, mais encore de l'estime et de l'amour de tous les citoyens : s'ils y ont manqué, qu'ils prennent garde à la fête de l'Opinion, malheur à eux! ils seront frappés, non dans leur fortune, non dans leur personne, non même dans le plus petit de leurs droits de citoyen, mais dans l'opinion. Dans le jour unique et solennel de la fête de l'Opinion; la loi ouvre la bouche à tous les citoyens sur le moral, le personnel et les actions des fonctionnaires publics ; la loi donne carrière à l'imagination plaisante et gaie des Français. Permis à l'opinion dans ce jour de se manifester sur ce chapitre de toutes les manières : les chansons, les allusions, les caricatures, les pasquinades, le sel de l'ironie, les sarcasmes de la folie, seront dans ce jour le salaire de celui des élus du peuple, qui l'aura trompé ou qui s'en sera fait mésestimer ou haïr. L'animosité particulière, les vengeances privées ne sont point à redouter; l'opinion elle-même ferait justice du téméraire détracteur d'un magistrat estimé.

C'est ainsi que par son caractère même, par sa gaieté naturelle, le peuple français conservera ses droits et sa souveraineté; on corrompt les tribunaux, on ne corrompt pas l'opinion. Nous osons le dire, ce seul jour de fête contiendra mieux les magistrats dans leur devoir, pendant le cours de l'année, que ne le feraient les lois même de Dracon et tous les tribunaux de France. La plus terrible et la plus profonde des armes françaises contre les Français, c'est le ridicule : le plus politique des tribunaux, c'est

BRUMAIRE. SECOND MOIS.

Jours du Mois	Noms des jours de la Décade.	Product. nat. et instrumens ruraux.	Lever du Soleil	Couc. du Soleil	Temps moy. au midi vr.
			H M.	H M.	H. M. S.
1	Primedi.	Pomme.	2 84	7 15	4 89 24
2	Duodi.	Céleri.	2 85	7 14	4 89 14
3	Tridi.	Poire.	2 86	7 13	4 89 06
4	Quartidi.	Betterave.	2 87	7 12	4 88 99
5	*Quintidi.*	OIE.	2 89	7 10	4 88 92
6	Sextidi.	Héliotrope.	2 90	7 09	4 88 87
7	Septidi.	Figue.	2 91	7 08	4 88 82
8	Octidi.	Scorsonère.	2 92	7 07	4 88 78
9	Nonidi.	Alisier.	2 93	7 06	4 88 75
10	DÉCADI.	CHARRUE.	2 94	7 05	4 88 73
11	Primedi	Salsifix.	2 96	7 04	4 88 72
12	Duodi.	Macre.	2 97	7 03	4 88 72
13	Tridi.	Topinambour	2 98	7 02	4 88 73
14	Quartidi.	Endive.	2 99	7 01	4 88 75
15	*Quintidi.*	DINDON.	3 00	6 99	4 88 77
16	Sextidi	Chervi.	3 01	6 98	4 88 81
17	Septidi.	Cresson.	3 02	6 97	4 88 86
18	Octidi.	Dentelaire.	3 03	6 96	4 88 91
19	Nonidi.	Grenade.	3 04	6 95	4 88 98
20	DÉCADI.	HERSE.	3 05	6 94	4 89 05
21	Primedi	Bacchante.	3 06	6 93	4 89 14
22	Duodi.	Azerole.	3 08	6 92	4 89 23
23	Tridi.	Garence.	3 09	6 91	4 89 34
24	Quartidi.	Orange.	3 10	6 90	4 89 45
25	*Quintidi,*	FAISAN.	3 10	6 89	4 89 57
26	Sextidi.	Pistache.	3 11	6 88	4 89 75
27	Septidi.	Macjonc.	3 12	6 87	4 89 85
28	Octidi.	Coing.	3 13	6 86	4 90 00
29	Nonidi.	Cormier.	3 14	6 85	4 90 10
30	DÉCADI.	ROULEAU.	3 15	6 85	4 90 33

FRIMAIRE. TROISIEME MOIS.

Jours du mois.	Noms des jours de la Décade.	Product. nat. et instrumens ruraux.	Lever du Sol.	Couc. du Sol.	Temps moy. au midi vr.
			H.M	H.M.	H.M.S.
1	Primedi.	Raiponce.	3 16	6 84	4 90 51
2	Duodi.	Turneps.	3 17	6 83	4 90 70
3	Tridi.	Chicorée.	3 17	6 82	4 90 90
4	Quartidi.	Nèfle.	3 18	6 81	4 91 11
5	*Quintidi.*	COCHON.	3 19	6 81	4 91 32
6	Sextidi.	Mâche.	3 20	6 80	4 91 55
7	Septidi.	Chou-fleur.	3 21	6 79	4 91 78
8	Octidi.	Miel.	3 22	6 78	4 92 03
9	Nonidi.	Genièvre.	3 22	6 78	4 92 28
10	DÉCADI.	PIOCHE.	3 23	6 77	4 92 53
11	Primedi.	Cire.	3 24	6 76	4 92 80
12	Duodi.	Raifort.	3 24	6 76	4 93 07
13	Tridi.	Cèdre.	3 24	6 75	4 93 36
14	Quartidi.	Sapin.	3 25	6 75	4 93 64
15	*Qu ntidi.*	CHEVREUIL.	3 26	6 74	4 93 94
16	Sextidi.	Ajonc.	3 26	6 74	4 94 24
17	Septidi.	Ciprès.	3 26	6 74	4 94 54
18	Octidi.	Lierre.	3 27	6 73	4 94 85
19	Nonidi.	Sabine.	3 27	6 72	4 95 17
20	DÉCADI.	HOYAU.	3 28	6 72	4 95 49
21	Primedi.	Erable-sucre.	3 28	6 72	4 95 81
22	Duodi.	Bruyère.	3 28	6 72	4 96 14
23	Tridi.	Roseau.	3 28	6 71	4 96 47
24	Quartidi.	Oseille.	3 29	6 71	4 96 81
25	*Quintidi.*	GRILLON.	3 29	6 71	4 97 14
26	Sextidi.	Pignon.	3 29	6 71	4 97 48
27	Septidi.	Liège.	3 30	6 70	4 97 82
28	Octidi.	Truffe.	3 30	6 70	4 98 17
29	Nonidi.	Olive.	3 30	6 70	4 98 51
30	DÉCADI.	PELLE.	3 30	6 70	4 98 86

NIVÔSE. QUATRIEME MOIS.

Jours du mois	Noms des jours de la Décade.	Product. nat. et instrumens ruraux.	Lever du Solei.	Couc. du Soleil	Temps moy. au midi vr.
			H.M.	H.M.	H.M.S.
1	Primedi	Tourbe.	3 30	6 70	4 99 21
2	Duodi.	Houille.	3 30	6 70	4 99 55
3	Tridi.	Bitume.	3 30	6 70	4 99 90
4	Quartidi.	Soufre.	3 30	6 70	5 00 25
5	*Quintidi.*	CHIEN.	3 30	6 70	5 00 60
6	Sextidi.	Lave.	3 29	6 71	5 00 94
7	Septidi.	Terre végéta.	3 29	6 71	5 01 28
8	Octidi.	Fumiers.	3 29	6 71	5 01 63
9	Nonidi.	Salpêtre.	3 28	6 72	5 01 97
10	DÉCADI.	FLÉAU.	3 28	6 72	5 02 30
11	Primedi.	Granit.	3 28	6 72	5 02 64
12	Duodi.	Argile.	3 28	6 72	5 02 97
13	Tridi.	Ardoise.	3 28	6 73	5 03 29
14	Quartidi.	Grès.	3 27	6 73	5 03 61
15	*Quintidi.*	LAPIN.	3 26	6 74	5 03 93
16	Sextidi.	Silex.	3 26	6 74	5 04 24
17	Septidi.	Marne.	3 26	6 74	5 04 55
18	Octidi.	Pierre à chaux	3 25	6 75	5 04 85
19	Nonidi.	Marbre.	3 24	6 76	5 05 03
20	DÉCADI.	VAN.	3 24	6 76	5 05 43
21	Primedi.	Pierre à plâtr.	3 24	6 77	5 05 71
22	Duodi.	Sel.	3 23	6 78	5 05 98
23	Tridi.	Fer.	3 22	6 78	5 06 25
24	Quartidi.	Cuivre.	3 22	6 79	5 06 51
25	*Quintidi.*	CHAT.	3 21	6 80	5 06 76
26	Sextidi.	Etain.	3 20	6 81	5 07 00
27	Septidi.	Plomb.	3 19	6 81	5 07 23
28	Octidi.	Zinc.	3 18	6 82	5 07 46
29	Nonidi.	Mercure.	3 17	6 83	5 07 68
30	DÉCADI.	CRIBLE.	3 17	6 83	5 07 89

PLUVIOSE. CINQUIÈME MOIS.

jours du mois	Noms des jours de la Décade.	Product. nat. et instrumens ruraux.	Lever du Soleil	Couc. du Soleil	Temps moy. au midi vr.
			H.M.	H.M.	H. M.S.
1	Primedi.	Lauréole.	3 16.	6 85	5.08 09
2	Duodi.	Mousse.	3 15	6 85	5 08 28
3	Tridi.	Fragon.	3 14	6 86	5 08 47
4	Quartidi.	Perce-neige.	3. 13	6 87	5 08 64
5	*Quintidi.*	TAUREAU.	3 12	6 88	5 08 81
6	Sextidi.	Laur.-thym.	3 11	6 89	5 08 96
7	Septidi.	Amadouvier.	3 10	6 90	5 09 11
8	Octidi.	Mézerdon.	3 09	6 91	5 09 25
9	Nonidi.	Peuplier.	3 08	6 92	5 09 38
10	DÉCADI.	COIGNÉE.	3 07	6 93	5 09 50
11	Primedi.	Ellébore.	3 05	6 94	5 09 61
12	Duodi.	Brocoli.	3 05	6 65	5 09 71
13	Tridi.	Laurier.	3 04	6 96	6 09 80
14	Quartidi.	Avelinier.	3 03	6 97	5 09 88
15	*Quintidi.*	VACHE.	3 02	6 98	5 09 95
16	Sextidi.	Buis.	3 01	6 99	5 10 02
17	Septidi.	Lichen.	3 00	7 00	5 10 07
18	Octidi.	If.	2 99	7 01	5 10 11
19	Nonidi.	Pulmonaire.	2 98	7 03	5 10 15
20	DÉCADI.	SERPETTE.	2 97	7 04	5 10 17
21	Primedi.	Thlapsi.	2 95	7 05	5 10 18
22	Duodi.	Thymelé.	2 94	7 06	5 10 19
23	Tridi.	Chiendent.	2 93	7 07	5 10 18
24	Quartidi.	Trainasse.	2 92	7 08	5 10 17
25	*Quintidi.*	LIÈVRE.	2 91	7 10	5 10 15
26	Sextidi.	Guède.	2 90	7 11	5 10 12
27	Septidi.	Noisetier.	2 89	7 12	5 10 08
28	Octidi.	Ciclamen.	2 87	7 13	5 10 03
29	Nonidi.	Chélidoine.	2 85	7 14	5 09 98
30	DÉCADI.	TRAINEAU	2 85	7 15	5 09 91

VENTOSE. SIXIEME MOIS.

jours du moi	Noms des jours de la Décade.	Product. nat. et instrumens ruraux.	Lever du Soleil	Couc. du Soleil	Temps moy. au midi vr.
			H.M.	H.M.	H. M S.
1	Primedi.	Tussilage.	2 84	7 17	5 09 84
2	Duodi.	Cornouiller.	2 83	7 18	5 09 76
3	Tridi.	Violier.	2 82	7 19	5 09 68
4	Quartidi.	Troëne.	2 81	7 20	5 09 58
5	*Quintidi.*	Bouc.	2 79	7 22	5 09 48
6	Sextidi.	Asaret.	2 78	7 23	5 09 38
7	Septidi.	Alaterne.	2 76	7 24	5 09 26
8	Octidi.	Violette.	2 75	7 25	5 09 14
9	Nonidi.	Marceau.	2 74	7 26	5 09 01
10	DÉCADI.	BECHE.	2 73	7 28	5 08 88
11	Primedi.	Narcisse.	2 72	7 29	5 08 74
12	Duodi.	Orme.	2 70	7 30	5 08 60
13	Tridi.	Fumeterre.	2 69	7 31	5 08 45
14	Quartidi.	Velar.	2 68	7 33	5 08 29
15	*Quintidi.*	Chèvre.	2 67	7 34	5 08 13
16	Sextidi.	Épinards.	2 65	7 35	5 07 97
17	Septidi.	Doronic.	2 64	7 36	5 07 79
18	Octidi.	Mouron.	2 63	7 37	5 07 62
19	Nonidi.	Cerfeuil.	2 62	7 39	5 07 44
20	DÉCADI.	CORDEAU.	2 60	7 40	5 07 25
21	Primedi.	Mandragore.	2 59	7 42	5 07 07
22	Duodi.	Persil.	2 58	7 43	5 06 88
23	Tridi.	Cochléaria.	2 57	7 44	5 06 68
24	Quartidi.	Pâquerette.	2 56	7 45	5 06 48
25	*Quintidi.*	Thon.	2 54	7 47	5 06 28
26	Sextidi.	Pissenlit.	2 53	7 48	5 06 08
27	Septidi.	Silvye.	2 51	7 49	5 05 87
28	Octidi.	Capillaire.	2 50	7 50	5 05 66
29	Nonidi.	Frene.	2 49	7 51	5 05 45
30	DÉCADI.	PLANTOIR	2 48	7 53	5 05 24

GERMINAL. SEPTIEME MOIS.

jours du mois	Noms des jours de la Décade.	Product. nat. et instrumens ruraux.	Lever du soleil.	Couc. du soleil.	Temps moy. au midi vr.
			H. M.	H. M.	H. M. S.
1	Primedi.	Prime-vère.	2 47	7 54	5 05 03
2	Duodi.	Platane.	2 45	7 56	5 04 81
3	Tridi.	Asperge.	2 44	7 56	5 04 60
4	Quartidi.	Tulipe.	2 43	7 58	5 04 38
5	*Quintidi.*	POULE.	2 42	7 59	5 04 17
6	Sextidi.	Bette.	2 40	7 60	5 03 95
7	Septidi.	Bouleau.	2 39	7 62	5 03 74
8	Octidi.	Jonquille.	2 38	7 63	5 03 52
9	Nonidi.	Aulne.	2 37	7 64	5 03 31
10	DÉCADI.	COUVOIR.	2 35	7 65	5 03 09
11	Primedi.	Pervenche.	2 34	7 67	5 02 88
12	Duodi.	Charme.	2 33	7 68	5 02 67
13	Tridi.	Morille.	2 32	7 69	5 02 46
14	Quartidi.	Hêtre.	2 31	7 70	5 02 25
15	*Quintidi.*	ABEILLE.	2 29	7 72	5 02 04
16	Sextidi.	Laitue.	2 28	7 73	5 01 84
17	Septidi.	Mélèze.	2 27	7 74	5 01 63
18	Octidi.	Ciguë.	2 26	7 75	5 01 42
19	Nonidi.	Radis.	2 24	7 76	5 01 23
20	DÉCADI.	RUCHE.	2 23	7 78	5 01 04
21	Primedi.	Gainier.	2 22	7 79	5 00 84
22	Duodi.	Romaine.	2 21	7 80	5 00 65
23	Tridi.	Maronnier.	2 19	7 81	5 00 46
24	Quartidi.	Roquette.	2 18	7 83	5 00 28
25	*Quintidi.*	PIGEON.	2 17	7 84	5 00 10
26	Sextidi.	Lilas.	2 16	7 85	4 99 92
27	Septidi.	Anémone.	2 15	7 86	4 99 75
28	Octidi.	Pensée.	2 13	7 87	4 99 59
29	Nonidi.	Myrt le.	2 12	7 88	4 99 42
30	DÉCADI.	GREFFOIR.	2	7 90	4 99 26

FLORÉAL. HUITIEME MOIS

Jours du mois	Noms des jours de la Décade.	Product. nat. et instrumens ruraux.	Lever du Soleil	Couc. du Soleil	Temps moy. au midi vr.
			H.M.	H.M.	H.M.S.
1	Primedi.	Rose.	2 10	7 91	4 99 11
2	Duodi.	Chêne.	2 09	7 92	4 98 96
3	Tridi.	Fougère.	2 08	7 93	4 98 82
4	Quartidi.	Aubepine.	2 06	7 94	4 98 69
5	*Quintidi.*	ROSSIGNOL.	2 05	7 95	4 98 56
6	Sextidi.	Ancolie.	2 04	7 97	4 98 43
7	Septidi.	Muguet.	2 03	7 98	4 98 31
8	Octidi.	Champignon.	2 02	7 99	4 98 20
9	Nonidi.	Hyacinte.	2 01	8 00	4 98 09
10	DÉCADI.	RATEAU.	1 99	8 01	4 97 99
11	Primedi.	Rhubarbe.	1 98	8 02	4 97 89
12	Duodi.	Sainfoin.	1 97	8 03	4 97 80
13	Tridi.	Bâton-d'or.	1 96	8 04	4 97 72
14	Quartidi.	Chamérisier.	1 95	8 05	4 97 64
15	*Quintidi.*	VER-A-SOIE.	1 94	8 06	4 97 57
16	Sextidi.	Consoude.	1 93	8 07	4 97 51
17	Septidi.	Pimprenelle.	1 92	8 08	4 97 45
18	Octidi.	Corbeille d'or	1 91	8 09	4 97 40
19	Nonidi.	Arroche.	1 90	8 10	4 97 35
20	DÉCADI.	SARCLOIR.	1 89	8 12	4 97 31
21	Primedi.	Staticé.	1 88	8 13	4 97 28
22	Duodi.	Fritillaire.	1 87	8 14	4 97 26
23	Tridi.	Bourrache.	1 86	8 15	4 97 24
24	Quartidi.	Valériane.	1 85	8 16	4 97 22
25	*Quintidi.*	CARPE.	1 84	8 17	4 97 22
26	Sextidi.	Fusain.	1 83	8 17	4 97 22
27	Septidi.	Civette.	1 82	8 18	4 97 22
28	Octidi.	Buglose.	1 81	8 19	4 97 24
29	Nonidi.	Senevé.	1 81	8 20	4 97 26
30	DÉCADI.	HOULÈTE.	1 80	8 21	4 97 29

PRAIRIAL. NEUVIEME MOIS.

Jours du mois	Noms des Jours de la Décade.	Product. nat. et instrumens ruraux.	Lever du soleil.	Couc. du soleil.	Temps moy. au midi vr.
			H. M.	H. M.	H. M. S.
1	Primedi.	Luzerne.	1 79	8 22	4 97 32
2	Duodi.	Hémerocalle.	1 78	8 23	4 97 36
3	Tridi.	Trèfle.	1 77	8 24	4 97 41
4	Quartidi	Angélique.	1 76	8 24	4 97 46
5	*Quintidi*	CANARD.	1 76	8 25	4 97 52
6	Sextidi.	Melisse.	1 75	8 25	4 97 59
7	Septidi.	Fromental.	1 74	8 26	4 97 66
8	Octidi.	Martagon.	1 74	8 27	4 97 73
9	Nonidi.	Serpolet.	1 73	8 28	4 97 82
10	DÉCADI.	FAULX.	1 72	8 28	4 97 91
11	Primedi.	Fraise.	1 72	8 29	4 98 00
12	Duodi.	Betoine.	1 71	8 29	4 98 10
13	Tridi.	Pois.	1 70	8 30	4 98 20
14	Quartidi.	Acaccia.	1 69	8 30	4 98 30
15	*Quintidi.*	CAILLE.	1 69	8 31	4 98 42
16	Sextidi.	Œillet.	1 69	8 31	4 98 53
17	Septidi.	Sureau.	1 68	8 32	4 68 55
18	Octidi.	Pavot.	1 68	8 33	4 98 77
19	Nonidi	Tilleul.	1 67	8 33	4 98 90
20	DÉCADI.	FOURCHE.	1 67	8 33	4 99 03
21	Primedi.	Barbeau.	1 67	8 33	4 99 16
22	Duodi.	Camomille.	1 66	8 34	4 99 29
23	Tridi.	Chèvre-feuil.	1 66	8 34	4 99 43
24	Quartidi.	Caille-lait.	1 65	8 35	4 99 57
25	*Quintidi.*	TANCHE.	1 65	8 35	4 99 71
26	Sextidi.	Jasmin.	1 65	8 35	4 99 86
27	Septidi.	Verveine.	1 65	8 35	5 00 00
28	Octidi.	Thym.	1 65	8 35	5 00 15
29	Nonidi.	Pivoine.	1 65	8 35	5 00 30
30	DÉCADI.	CHARIOT.	1 65	8 35	5 00 45

MESSIDOR. DIXIEME MOIS.

Jours du mois	Noms des jours de la Décade.	Product. nat. et instrumens ruraux.	Lever du Soleil	Couc. du Soleil	Temps moy. a u midi vr.
			H.M.	H.M.	H.M.S.
1	Primedi.	Seigle.	1 65	8 35	5 00 60
2	Duodi.	Avoine.	1 65	8 35	5 00 74
3	Tridi.	Oignon.	1 65	8 35	5 00 89
4	Quartidi.	Véronique.	1 65	8 35	5 01 04
5	*Quintidi.*	MULET.	1 65	8 35	5 01 19
6	Sextidi.	Romarin.	1 65	8 35	5 01 34
7	Septidi.	Concombre.	1 65	8 35	5 01 49
8	Octidi.	Echalotte.	1 65	8 35	5 01 64
9	Nonidi.	Absynthe.	1 65	8 35	5 01 78
10	DÉCADI.	FAUCILLE.	1 65	8 35	5 01 93
11	Primedi.	Coriandre.	1 65	8 35	5 02 07
12	Duodi.	Artichaut.	1 65	8 34	5 02 21
13	Tridi.	Giroflée.	1 66	8 34	5 02 34
14	Quartidi.	Lavande.	1 66	8 33	5 02 47
15	*Quintidi.*	CHAMOIS.	1 67	8 33	5 02 60
16	Sextidi.	Tabac.	1 67	8 33	5 02 73
17	Septidi.	Groseille.	1 67	8 33	5 02 85
18	Octidi.	Gesse.	1 67	8 32	5 02 97
19	Nonidi.	Cerise.	1 68	8 32	5 03 08
20	DÉCADI.	PARC.	1 69	8 31	5 03 19
21	Primedi.	Menthe.	1 69	8 31	5 03 29
22	Duodi.	Cumin.	1 69	8 30	5 03 40
23	Tridi.	Haricot.	1 70	8 29	5 03 48
24	Quartidi.	Orcanète.	1 71	8 29	5 03 57
25	*Quintidi.*	PINTADE.	1 72	8 28	5 03 65
26	Sextidi.	Sauge.	1 72	8 28	5 03 73
27	Septidi.	Ail.	1 72	8 27	4 03 80
28	Octidi.	Vesce.	1 73	8 26	5 03 87
29	Nonidi.	Blé.	1 74	8 26	5 03 93
30	DÉCADI.	CHALÉMIE	1 74	8 25	5 03 98

THERMIDOR. ONZIÈME MOIS.

Jours du mois	Noms des jours de la Décade.	Product. nat. et instrumens ruraux.	Lever du soleil.	Couc. du soleil.	Temps moy. au midi vr.
			H. M.	H. M.	H. M. S.
1	Primedi.	Épéautre.	1 75	8 24	5 04 03
2	Duodi.	Bouillon blan.	1 76	8 24	5 04 08
3	Tridi.	Melon.	1 77	8 23	5 04 11
4	Quartidi.	Ivraie.	1 78	8 22	5 04 14
5	*Quintidi.*	BÉLIER.	1 78	8 21	5 04 17
6	Sextidi.	Prêle.	1 79	8 20	5 04 19
7	Septidi.	Armoise.	1 80	8 19	5 04 20
8	Octidi.	Carthame.	1 81	8 18	5 04 20
9	Nonidi.	Mûres.	1 82	8 17	5 04 20
10	DÉCADI.	ARROSOIR.	1 83	8 17	5 04 19
11	Primedi.	Panis.	1 84	8 16	5 04 17
12	Duodi.	Salicor.	1 85	8 15	5 04 15
13	Tridi.	Abricot.	1 86	8 14	5 04 12
14	Quartidi.	Basilic.	1 87	8 13	5 04 09
15	*Quintidi.*	BREBIS.	1 88	8 12	5 04 03
16	Sextidi.	Guimauve.	1 89	8 11	5 03 98
17	Septidi.	Lin.	1 90	8 10	5 03 92
18	Octidi.	Amande.	1 91	8 09	5 03 86
19	Nonidi.	Gentiane.	1 92	8 08	5 03 78
20	DÉCADI.	ÉCLUSE.	1 93	8 07	5 03 70
21	Primedi.	Carline.	1 94	8 06	5 03 61
22	Duodi.	Caprier.	1 95	8 05	5 03 52
23	Tridi.	Lentille.	1 96	8 04	5 03 42
24	Quartidi.	Aunée.	1 97	8 03	5 03 31
25	*Quintidi.*	LOUTRE.	1 98	8 01	5 03 20
26	Sextidi.	Myrthe.	3 99	8 00	5 03 10
27	Septidi.	Colsa.	2 00	7 99	5 02 95
28	Octid.	Lupin.	2 01	7 98	5 02 82
29	Nonidi.	Coton.	2 00	7 97	5 02 68
30	DÉCADI.	MOULIN.	2 03	7 96	5 02 53

FRUCTIDOR. DOUXIEME MOIS.

jours du Mois	Noms des jours de la Decade.	Product. nat. et instrumens ruraux.	Lever du soleil.	Couc. du soleil.	Temps moy. au midi vr.
			H.M.	H.M.	H.M.S.
1	Primedi.	Prune.	2 05	7 94	5 02 38
2	Duodi.	Millet	2 06	7 93	5 02 23
3	Tridi.	Lycoperde.	2 07	7 92	5 02 07
4	Quartidi.	Escourgeon.	2 08	7 91	5 01 90
5	*Quintidi.*	SAUMON.	2 09	7 90	5 01 73
6	Sextidi.	Tubéreuse.	2 10	7 89	5 01 55
7	Septidi.	Sucrion.	2 12	7 88	5 01 37
8	Octidi.	Apocyn.	2 13	7 87	5 01 19
9	Nonidi.	Réglisse.	2 14	7 85	5 01 00
10	DÉCADI.	ECHELLE.	2 15	7 84	5 00 80
11	Primedi.	Pastèque.	2 16	7 83	5 00 60
12	Duodi.	Fenouil.	2 17	7 82	5 00 40
13	Tridi.	Epine-vinette	2 19	7 81	5 00 19
14	Quartidi.	Noix.	2 20	7 79	4 99 98
15	*Quintidi.*	TRUITE.	2 21	7 78	4 99 76
16	Sextidi.	Citron.	2 22	7 77	4 99 55
17	Septidi.	Cardière.	2 23	7 76	4 99 33
18	Octidi.	Nerprun.	2 25	7 75	4 99 10
19	Nonidi.	Tagette.	2 26	7 74	4 98 87
20	DÉCADI.	HOTTE.	2 27	7 72	4 98 64
21	Primedi.	Eglantier.	2 28	7 71	4 98 41
22	Duodi.	Noisette.	2 30	7 70	4 98 17
23	Tridi.	Houblon.	2 31	7 69	4 97 94
24	Quartidi.	Sorgho.	2 32	7 67	4 97 70
25	*Quintidi.*	ECREVISSE.	2 33	7 66	4 97 46
26	Sextidi.	Bigarade.	2 35	7 65	4 97 21
27	Septidi.	Verge-d'or.	2 36	7 64	4 96 97
28	Octidi.	Maïs.	2 37	7 63	4 96 73
29	Nonidi.	Marron.	2 38	7 61	4 96 49
30	DÉCADI.	PANIER.	2 40	7 60	4 96 24

LES SANCULOTIDES.

jours	Noms des jours.	Fêtes.	Lever du soleil.	Couc. du soleil.	Temps moy. au midi vr.
			H.M.	H.M.	H M. S.
1	Primedi.	De la vertu.	2 41	7 58	4 96 00
2	Duodi.	Du Génie.	2 42	7 57	4 95 76
3	Tridi.	Du Travail.	2 43	7 56	4 95 51
4	Quartidi.	De l'Opinion.	2 44	7 55	4 95 27
5	*Quintidi.*	Des Récomp.	2 45	7 53	4 95 03

TABLE DES MATIÈRES

APPENDICE

ÉMILE COLIN, IMPRIMERIE DE LAGNY (S.-ET-M.)

Imprimerie Lahure, rue de Fleurus, 9, à Paris.

www.ingramcontent.com/pod-product-compliance
Ingram Content Group UK Ltd.
Pitfield, Milton Keynes, MK11 3LW, UK
UKHW012204240726
13966UKWH00002B/573

9 782011 340436